AF389941

GLISE ET LA CHASSE

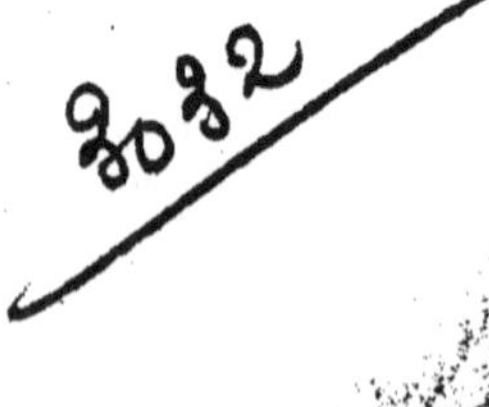

L'ÉGLISE

ET

LA CHASSE

PAR

H. GOURDON DE GENOUILLAC

PARIS

LIBRAIRIE DES BIBLIOPHILES

Rue Saint-Honoré, 338

—

M DCCC LXXXVI

PRÉFACE

—

OMMENT *j'ai été amené à écrire ce petit volume ?*

Je vais vous le dire, — c'est bien simple.

Je causais un soir avec mon ami Florian Pharaon, le spirituel rédacteur au FIGARO *de « la vie en plein air », des exploits cynégétiques d'un brave curé de campagne qui, peu de jours après l'ouverture de la chasse, m'avait envoyé un superbe lièvre normand qu'il avait tué tout proche du bois de L...*

« Un curé chasseur, dis-je en riant à Pharaon, voilà certainement ce qui doit vous surprendre.

— Nullement ; et non seulement il en est jusqu'à trois que je pourrais nommer, mais, si vous vouliez vous donner la peine, continua-t-il, de faire quelques recherches sur ce sujet qui n'a guère été traité, que je sache, je suis sûr que vous trouveriez des exemples assez nombreux d'ecclésiastiques ne se bornant pas à

honorer platoniquement le grand saint Hubert, mais faisant bonne figure parmi ses disciples, et ne croyant en aucune façon encourir un reproche 'de leur conscience en tirant un lapin à l'occasion. »

Me parler de recherches à faire, c'était me prendre par mon faible; néanmoins, je songeai à la montagne de documents que j'avais compulsés pour mon grand ouvrage PARIS A TRAVERS LES SIÈCLES.

« Essayez, reprit Pharaon, qui était alors rédacteur en chef d'un journal spécial de chasse; j'attends de vous, pour le prochain numéro de mon journal, un bon article sur L'ÉGLISE ET LA CHASSE.

— Vous le voulez? soit. »

Et dès le lendemain je me mis en route pour les catacombes où dorment sur des rayons les in-folio des Génovéfains, les in-quarto à tranche rouge des Bénédictins et des Pères de la Compagnie de Jésus, les vénérables bouquins imprimés avec privilège du roi, les plaquettes vêtues de parchemin, les cartons du Fonds français et les liasses jaunies du Cabinet des titres.

Je mis à contribution la complaisance inépuisable de mes amis, Henri Lavoix fils et Eugène d'Auriac, celle de mes excellents confrères, le vicomte Henri de Bornier, Augustin Challamel, Ferdinand Fabre, du bienveillant Thiéry, et j'eus vite recueilli la matière

d'un article pour le journal de Pharaon; mais, de
même que l'appétit vient en mangeant, au fur et à
mesure que je fouillais, je faisais des découvertes
inattendues, et ce fut de la sorte que peu à peu, sans
m'en douter, je m'aperçus que j'avais amassé des
notes qui me permirent de faire toute une série d'articles qui tombèrent sous les yeux des éditeurs artistes
et lettrés qui ont noms Jouaust et Sigaux.

« Voulez-vous que nous réunissions ces articles
en un volume? » me demandèrent-ils après les avoir
parcourus.

C'était bien tentant : les volumes qui sortent de
leurs presses ont une marque de fabrique appréciée
des bibliophiles.

J'acceptai... peut-être un peu témérairement.

C'est au lecteur amateur de curiosités à juger si
j'ai eu raison de mettre en lumière les pièces du pro-
cès qui dure depuis les premiers temps du catholi-
cisme entre l'Église et les chasseurs, et qui a fini par
la tolérance et la conciliation.

Le sujet était délicat.

J'ai tâché de faire ressortir les singularités de la
cause, sans m'écarter jamais des bornes qui me sont
imposées par le profond respect que je porte à
l'Église.

Quant aux chasseurs, qu'ils veuillent bien consi-

dérer que je ne suis qu'un profane, ne sachant que battre les buissons, dans l'espérance d'y faire lever l'oiseau bleu qu'on nomme le livre à succès.

H. GOURDON DE GENOUILLAC.

Bois-Colombes, août 1886.

L'ÉGLISE & LA CHASSE

CHAPITRE PREMIER

ORSQUE le Créateur crut bon de compléter son œuvre en mettant sur la terre le premier homme, il dut nécessairement imprimer en lui deux passions, a dit Sclafer :

« Celle de l'amour pour assurer la conservation de l'espèce ;

« Celle de la chasse pour assurer la conservation de l'individu. »

La chasse est un droit naturel qui fournit aux peuples primitifs la nourriture et les vêtements ; elle résultait aussi de la nécessité d'enlever aux animaux sauvages la possession du monde encore inhabité.

C'était donc le premier degré de civilisation.

L'Écriture sainte glorifiait le surnom de fort ·chasseur donné à Nemrod, le petit-fils de Cham.

Mais le prophète hébreu Moïse fut le premier législateur qui proscrivit la chasse comme une occupation indigne des enfants d'Israël, et le *Pentateuque*, l'œuvre immortelle du puissant fondateur du mosaïsme, l'interdit d'une façon absolue.

Depuis, la question de savoir si la chasse était ou non permise aux ecclésiastiques et aux religieux a soulevé de nombreuses controverses, fondées sur la divergence d'opinions des princes de l'Église ; toutefois il est bon de remarquer que, contrairement à l'esprit général de l'Église, qui, au fur et à mesure de la marche des idées à travers les siècles, n'a cessé d'accorder successivement des concessions devenues nécessaires et de modifier dans un sens conciliant les prescriptions étroites des règles primitives, les prohibitions de la chasse n'ont fait que progresser en sévérité.

Mais cela s'explique en raison même des changements introduits par le temps dans les mœurs ecclésiastiques.

Quoi qu'il en soit, nous pensons qu'il y a une intéressante étude à faire sur les curieux et multiples incidents qui se sont produits, tantôt en faveur de la liberté d'occire les animaux nuisibles, dangereux, ou simplement paraissant destinés à servir, après leur trépas, aux besoins de l'homme, et tantôt contre cette même liberté.

Commençons par jeter un coup d'œil rapide sur les temps anciens, et nous verrons tous les peuples belliqueux se montrer passionnés pour la chasse.

Cyrus, qui vivait 550 ans avant l'ère chrétienne, avait la chasse en grand honneur. Ce conquérant fameux, maître de cent vingt satrapies, ne savait pas le nombre de ses chiens de chasse, et, bien que les revenus qu'il tirait de la possession de l'Asie Mineure et que lui donna bientôt un empire qui s'étendait du fleuve Indus à la mer Égée et de la mer Caspienne au golfe Arabique, fussent considérables, il décida que l'entretien de ses meutes serait supporté par quatre villes qu'il désigna à cet effet.

Interrogeons Xénophon, et nous verrons en quelle estime les Grecs tenaient la chasse.

Lycurgue promulgua une loi qui obligeait tous les jeunes gens à aller chaque matin à la chasse.

Le sage Solon, qui légiféra pour que les femmes n'eussent en dot que trois robes et quelques meubles de première nécessité, mais qui permettait à la jeune fille qui épousait un vieillard de se choisir un amant parmi les parents de son mari, trouva mauvais que ses concitoyens se livrassent aux plaisirs de la chasse et la défendit ; mais les Athéniens enfreignirent la défense avec une persévérante émulation.

Les gens qui imploraient la protection de Diane chasseresse et d'Apollon, que la théologie païenne divinise, ne pouvaient manquer d'être d'ardents chasseurs, et les Grecs se distinguèrent par leurs exploits cynégétiques.

Les Romains aimaient mieux faire la chasse aux hommes qu'aux animaux, et Salluste nous apprend qu'ils laissaient volontiers à leurs esclaves le soin de chasser le gibier. On sait qu'à Rome la chasse était libre et que tout homme avait le droit de poursuivre comme il l'entendait le gibier à plume ou à poil.

Cependant Jules César, Marc-Antoine, Cicéron, Pline et quelques autres personnages de haut rang se sont adonnés au noble délassement de la chasse, mais bien plus nombreux furent les Gaulois chasseurs.

Ces fiers guerriers retrouvaient dans l'exercice de la chasse un diminutif de la guerre, et ils s'y livrèrent avec passion. César raconte dans ses *Commentaires* qu'ils aimaient à braver les périls les plus grands et à poursuivre les animaux jusqu'au fond de leurs retraites.

Mais, lorsque vint la domination romaine, la chasse fut quelque peu délaissée ; le vainqueur imposait ses goûts en même temps que ses lois.

Cet état de choses dura jusqu'à l'arrivée des Francs, belliqueux et chasseurs, selon ce passage de Tacite : « Lorsque les Germains ne faisaient pas la guerre aux hommes, ils la faisaient aux animaux. »

Ce fut à partir de ce moment que la chasse devint le passe-temps favori de tous. « Guerriers, jurisconsultes, prêtres, tous s'honoraient d'être chasseurs et conservaient avec orgueil les bois des cerfs, les défenses des sangliers et les dépouilles des autres animaux sauvages, pour attester leurs exploits, dont ils étaient plus fiers peut-être que des succès obtenus dans la carrière qu'ils avaient embrassée. »

Saint Germain, né à Auxerre, avant la fin du IVe siècle, fut fait *duc* ou général des troupes de plusieurs provinces ; il était chrétien, mais jeune encore, il se montra passionné pour la chasse, où il se piquait d'habileté ; il aimait à en donner les preuves et faisait suspendre à un grand arbre sur la place publique les têtes des bêtes qu'il avait tuées, comme autant de trophées. Cette coutume ayant quelque rapport avec certaines superstitions païennes, saint Amator, évêque d'Auxerre, lui fit représenter qu'il convenait à un chrétien de s'en abstenir.

Germain n'en tint aucun compte ; mais l'évêque, un jour que le duc était absent, fit abattre l'arbre.

Le futur saint souffrit impatiemment cette leçon et menaça de s'en venger.

Mais il faut croire qu'Amator voulut lui épargner cette peine ; reconnaissant que le jeune homme avait des qualités propres à en faire un évêque, il convoqua dans son église une assemblée de fidèles, et, Germain s'y trouvant, il le saisit, lui donna la tonsure cléricale et le revêtit de l'habit ecclésiastique sans lui laisser le temps de se reconnaître, le prévenant qu'il devait lui succéder. Ce qui eut lieu.

Amator mourut le 1er mai 418, le clergé et le peuple élurent Germain évêque.

Celui-ci se sépara alors de sa femme et s'astreignit à une pénitence austère ; il donna tous ses biens aux pauvres et, par mortification, s'interdit, peu de temps après, le plaisir de la chasse.

Il mourut à Ravenne en 430, fut canonisé, et devint le patron des chasseurs en attendant que ceux-ci lui préférassent le grand saint Hubert.

Un autre chasseur, que l'Église honore sous le nom de saint Eustache, se convertit aussi, mais dans des circonstances particulières ; les historiens ne sont pas d'accord sur l'époque à laquelle il vivait.

L'opinion la plus commune veut qu'il ait été mis à mort sous l'empereur Adrien, au commencement du IVe siècle, avec sa femme Tatiane et ses deux enfants.

Cependant, si nous nous en rapportons à la *Légende dorée,* nous y lisons :

« Eustache estoit maître de la chevalerie de Trajan. Si comme ung jour estoit allé vener (chasser), il trouva une assemblée de cerfs entre lesquels il en vit ung beau et plus grand que les aultres qui saillit en la forest déserte. Et se sépara Eustache de la compagnie des aultres chevaliers et des aultres nobles hommes qui couroient prez les aultres cerfs, mais il fut celuy qui de tout son pouvoir se forçoit de prendre le grand cerf, et si comme le cerf vit qu'il le suivoit de tout son pouvoir, si se mit dessus une roche. Et lors Eustache espivét comment il pourroit estre prins. Et si comme il le regardoit, il vit entre les cornes d'iceluy cerf la forme d'une croix resplendissante plus que le soleil, et l'image de Jésus-Christ qui, par la bouche du cerf, ainsi comme l'asne à Balaam parlant, à celuy disoit :

« Eustache ! pourquoi me poursuis-tu ? Je suis « Jésus-Christ que tu honores ignorament ; tes au-« mônes sont montées jusqu'à moi au ciel : pour « ce, je viens à toi. »

« Eustache tomba de cheval de frayeur.

« Jésus-Christ lui apparut et lui ordonna de se faire baptiser, ce que fit Eustache qui devint depuis un grand saint. »

La date a pour nous peu d'importance ; ce qui

est certain, c'est qu'au Ve siècle nous voyons de saints personnages aimer et pratiquer la chasse.

Mais saint Jérôme, mais saint Ambroise, s'élèvent vivement contre les chasseurs.

Interrogeons à ce propos l'éminent docteur en théologie Jean-Baptiste Thiers, ses écrits contiennent de précieux documents; le savant curé de Champrond est d'avis que la pêche est un divertissement permis aux prêtres, pourvu qu'ils ne s'y livrent pas par amour du gain et qu'ils ne se montrent pas en pêchant dans une position indécente.

Mais, comme « la mort des bêtes a quelque chose de trop cruel pour les ecclésiastiques qui doivent toujours estre animez de l'esprit de douceur et de paix », il est d'avis, d'accord avec Jonas, évêque d'Orléans, avec Salisbury, évêque de Chartres, et avec Pierre de Blois, que, bien qu'au fond elle soit du droit des gens, la chasse doit être défendue aux ecclésiastiques, principalement celle qui se fait avec des chiens, avec des oiseaux, avec des armes à feu, « où il y a danger de tomber dans quelque irrégularité ».

Saint Jérôme nous apprend qu'Ésaü était chasseur parce qu'il était pêcheur, et « dans les saintes Lettres on trouve bien des saints qui ont été pêcheurs, on n'en trouve point qui aient été chasseurs ».

Saint Ambroise dit, dans le même sens, que l'on ne remarque point de justes, dans toute la suite des Écritures saintes, qui aient été chasseurs.

Le pape Nicolas Ier prétend qu'il n'y a que des réprouvés dans l'Écriture qui se soient adonnés à la chasse.

C'est ce même pape qui défendit absolument aux évêques de chasser les bêtes et les oiseaux, en quelque manière que ce soit; la preuve en est fournie par Pierre de Blois, écrivant à Gautier, évêque de Rochester, pour lui faire connaître que le pape Nicolas suspendit de ses fonctions et excommunia l'évêque Lanfroi parce qu'il était chasseur.

Saint Ferréol, évêque d'Uzès, s'élève également contre le droit de chasse donné aux ecclésiastiques, « par la raison que cet exercice est trop mondain et que l'âme, s'y répandant trop hors d'elle-même par des courses égarées, devient elle-même la proie des démons ».

Cependant, comme les monastères étaient jadis, pour la plupart, entourés de forêts et que les bêtes faisaient souvent des dégâts sur les terres cultivées par les religieux, ce sage prélat permettait aux moines de lâcher des chiens après elles, « non pour les prendre, mais seulement pour les mettre en fuite, parce que ceux qui ont une fois renoncé aux vains plaisirs du monde doivent chercher en

Dieu seul toutes leurs délices et tous leurs divertissements ».

Saint Boniface, archevêque de Mayence, défend la chasse généralement à tous les ecclésiastiques.

La plupart des Conciles et des Synodes qui l'ont interdite étaient dans l'esprit de l'Église, et Jean de Salisbury n'hésite pas à déclarer nettement que la chasse est interdite pour toujours à ceux qui sont dans les ordres sacrés et aux évêques.

Thiers, commentant ce passage, ajoute : « Il est vrai que la chasse tumultueuse qui se fait avec des chiens et avec des oiseaux est celle qui est particulièrement interdite aux ecclésiastiques ; mais il est hors de doute que la chasse en général leur est défendue, aussi bien que celle qui se fait par les armes, puisque le concile de Verberie en 752, le concile de Meaux en 845, le concile provincial d'Aix et quantité d'autres, leur défendent de porter des armes et de s'en servir. »

Or, les prélats eux-mêmes ne dédaignaient pas de faire retentir les églises des aboiements de leurs chiens et des cris de leurs faucons.

Mais les prélats des premiers temps de la monarchie ne ressemblaient guère à ceux de nos jours, et les mœurs du temps les autorisaient à monter à cheval pour courre le cerf ou lancer le faucon, tout comme, le cas échéant, ils endossaient la cuirasse et, le casque en tête, se jetaient hardiment dans la mêlée.

On s'explique l'attrait que les plaisirs de la chasse offraient aux seigneurs ecclésiastiques en songeant qu'ils avaient généralement puisé ce goût dans leur éducation première et dans les habitudes des gens de leur rang.

Abbon ne s'est pas fait faute de reprocher aux évêques la chasse et le port des armes, et il étend ce même reproche aux clercs inférieurs, qui naturellement suivaient les errements de leurs chefs.

Les *Vies des Saints* et les anciennes chroniques sont pleines de récits miraculeux où la chasse joue un grand rôle.

Ouvrons le tome III du *Spicilège*, la Chronique de Fontenelle, *Neustria pia in Fiscanno*, le livre de la fondation de Fecan, les manuscrits de Ham ; nous y verrons que si la célèbre abbaye de Fécamp fut élevée dans le pays de Caux, c'est une ou plutôt deux aventures de chasse qui en suggérèrent l'idée.

Avant d'aller plus loin, rappelons que les chroniqueurs, pleins d'une foi naïve, s'attachaient surtout à transmettre à la postérité le souvenir des faits miraculeux que la tradition populaire et le génie poétique du temps aimaient à enjoliver et à grossir. Mais il y a dans ces légendes adorables de candeur un ensemble de faits dont il faut bien se garder de suspecter la sincérité.

Revenons à celles qui nous occupent.

Saint Arnoul, évêque de Metz, l'aïeul de Pépin d'Héristal, avait un fils; on sait que jadis les évêques étaient mariés. Ce fils, qui s'appelait le duc Anségise, était un personnage fort pieux, qui devint lui-même évêque et fut canonisé. Or, si nous en croyons le P. C. Labbé, qui invoque le témoignage de Mabillon, de Bollandus et de quelques autres, un jour qu'Anségise était à la chasse dans la forêt de Fécamp, « les veneurs firent rencontre d'un cerf d'une grande beauté, tout blanc et d'une grandeur prodigieuse : surpris de la nouveauté de la bête, ils firent de grands cris, découplèrent leurs chiens sur ses erres et le poursuivirent à bride abbatūe, lançant une nuée de javelots, espérant par là de le réduire aux abois; mais le cerf, sans craindre ni les chiens ni les hommes, marchoit la tête haute, brisant tous les filets et les toiles, jusqu'à ce qu'étant arrivé en un lieu de la vallée il s'arrêta tout d'un coup, abaissa la tête et considéra sans branler la meute qui le poursuivoit.

« Alors tous les chiens se trouvèrent sans mouvement et sans voix.

« Le duc accourut; mais, les chevaux étant aussi devenus immobiles et sans aucun sentiment, il connut qu'il y avoit dans un événement si extraordinaire quelque chose de divin.

« Cessez, dit-il aussitôt à ses gens, cessez d'in-

« quiéter cette bête : ce n'est pas un cerf que vous
« poursuivez, mais c'est un ambassadeur du Tout-
« Puissant qui nous vient apprendre que ce lieu est
« sous sa protection. Descendez de cheval et ado-
« rons le souverain Créateur de toutes choses, et
« prions-le avec dévotion de nous faire connoître
« ce qu'il demande de nous par un prodige si sur-
« prenant. »

« Ils descendirent et, prosternez contre terre,
firent leur prière avec beaucoup d'humilité. Aussitôt
les chiens et les chevaux se remirent en mouvement,
on aperçut le cerf faire un rond, et il traça de sa
tête, au même lieu, comme une manière de cercle,
puis il disparut sans que personne ne pust remarquer où il se retiroit.

« A ce mouvement de la bête, ajoute le bon
Labbé, le duc connut que celui qui a créé le
monde, dont le cercle est la figure, vouloit être
adoré en ce lieu. Il le remercia de lui avoir fait
connoître sa volonté, et lui et tous ceux de sa suite
coupèrent des branches d'arbre dont ils firent au
même endroit une espèce d'Oratoire. »

Cette légende est complétée par une seconde.
Disons d'abord que l'intention du duc Anségise
était de faire bâtir une église là où se trouvait l'oratoire; mais Dieu le retira du monde avant qu'il
eût pu mettre son projet à exécution, et le lieu in-
diqué par le cerf ne tarda pas à redevenir inculte,

ne conservant aucune marque extérieure de ce qui s'y était passé.

Or, le roi Clotaire III avait donné le gouvernement du pays de Caux à saint Waneng, patron de la ville de Ham, un chasseur déterminé comme lui, et souvent le roi et son favori faisaient ensemble de bonnes parties cynégétiques dans les bois de Fécamp. Mais plus souvent Waneng y chassait seul, et le P. Labbé, après avoir constaté que l'endroit où s'était arrêté jadis le cerf chassé par Anségise était devenu fort solitaire, ajoute :

« Saint Waneng s'y plaisait plus qu'en aucun autre de la forest. Souvent il y venoit chasser ou il s'y retiroit pour goûter les douceurs de la solitude, éloigné du bruit et du tumulte du monde.

« Un jour qu'il y étoit venu pour chasser, Dieu, qui ne vouloit pas qu'un lieu qu'il s'étoit consacré servît plus longtemps à ce divertissement, enleva son esprit par une extase pendant laquelle deux objets bien différens se présentèrent à lui : les récompenses des Bienheureux et les supplices des damnez ; ensuite il crut être présenté à un Juge et laissé seul au pied d'un trône fort élevé où ce Juge étoit assis.

« Waneng leva les yeux pour voir où il étoit ; mais la sévérité du Juge, l'éclat de son trône, et une troupe innombrable de Bienheureux qui l'environnoient, l'éblouït et l'effraïa si fort qu'il tomba par terre, tremblant et comme mort.

« Alors ce Juge lui parla ainsi :

« Comment, Waneng, pouvez-vous ignorer que
« la vallée où vous chassez doit être consacrée à
« mon nom ? Ne craignez-vous pas de déshonorer
« un lieu que j'ay choisi pour y être honoré ? ne
« redoutez-vous point ma colère, vous qui sçavez
« que je puis faire tout ce qui me plaist ? »

« Waneng, qui n'osoit ni lever les yeux ni
ouvrir la bouche, confessoit intérieurement sa
faute ; mais il s'excusoit aussi sur son ignorance,
et demandoit pardon par les gémissemens de son
cœur. »

A partir de ce moment, le malheureux Waneng
se consuma en un tel désespoir qu'il serait passé de
vie à trépas, s'il n'avait eu l'idée de se recom-
mander à sainte Eulalie.

Il paraît que sainte Eulalie était d'ordinaire
bonne pour lui ; cette fois encore elle voulut bien
lui apparaître et lui annoncer qu'elle avait intercédé
en sa faveur auprès du juge, et que non seulement
celui-ci lui pardonnait de trop aimer la chasse,
mais encore consentait à prolonger sa vie de vingt
années, à la condition qu'il retournerait dans la
vallée de Fécamp, qu'il chercherait l'endroit exact
du lieu où le duc Anségise avait vu tracer un cercle,
et que, lorsqu'il l'aurait trouvé, il y ferait construire
un temple consacré à la Sainte Trinité.

Tout autre que saint Waneng eût été charmé

du bon office que lui avait rendu sainte Eulalie et l'eût remerciée en termes courtois.

Point ; notre homme reçut une impression si forte de cette apparition, à laquelle cependant il pouvait s'attendre, puisqu'il l'invoquait, que la fièvre le prit et qu'il demeura dans un tel état de prostration qu'on le crut mort et qu'on se mit en devoir de lui rendre les devoirs funèbres.

On conduisit son corps à l'église, on lui fit un beau service, et l'on allait descendre le cercueil dans la terre, lorsque tout à coup Waneng revint à lui et s'écria qu'il était vivant, bien vivant.

La tristesse des assistants se changea en joie, on reporta le saint dans son château, où le roi Clotaire vint lui faire visite, l'exhortant à aller au plus vite à la recherche du lieu où Dieu voulait être honoré.

Quinze jours plus tard, Waneng, qui avait définitivement renoncé à chasser, faisait défricher la place où l'on jeta les fondements de l'édifice projeté. Il s'y retira et y mourut en 686.

Le cerf joue un grand rôle dans les légendes religieuses. On regardait jadis cet animal comme étant doué d'une vertu prophétique, et, dans mainte circonstance, on le voit indiquer l'existence de reliques demeurées ensevelies dans un lieu inconnu, ou servir de guide à des païens pour les amener dans l'église où ils doivent se convertir.

Ce fut un cerf qui découvrit à Dagobert le lieu où reposaient les reliques de saint Denis.

L'animal chassé par le roi s'était réfugié près du tombeau du saint ; la meute qui le poursuivait s'arrêta court, « saisie de respect », le cerf fut sauvé. Dagobert voulut connaître la cause de cet arrêt subit et fit creuser la terre, ce qui permit de mettre à jour les ossements du saint, pendant que le cerf s'empressait de détaler.

Un autre cerf fut cause de la conversion de saint Branchion, un chasseur déterminé qui s'était fait ermite, et qui, un jour, vit entrer dans son ermitage un cerf poursuivi par une meute acharnée après lui ; il protégea l'animal et se convertit.

Ce serait faire injure à nos lecteurs que de leur raconter en détail l'histoire de la vision du célèbre Hubert, fils du duc d'Aquitaine, ils la connaissent mieux que nous.

Toutefois, sa qualité de saint ne nous permet pas de le passer sous silence.

On sait que ce fut en 683 que, le Vendredi-Saint, chassant dans la forêt des Ardennes, ses chiens lancèrent un dix cors, et au moment où ils arrivaient pour l'hallali, le cerf fit volte-face ; Hubert aperçut alors entre les bois de l'animal une croix lumineuse et il entendit une voix qui lui reprocha de passer son temps à poursuivre les bêtes dans les forêts, et l'exhorta à se convertir au plus vite, en l'engageant au surplus à prendre conseil de saint Lambert : ce qu'il fit.

Saint Lambert lui dit qu'il n'avait qu'à obéir sans délai aux instructions de la voix. Hubert paraissait disposé à se consacrer désormais à la vie pénitente ; mais, saint Lambert lui ayant rappelé qu'il était marié, il ajourna ses projets de réforme, et ce ne fut qu'après la mort de sa femme, survenue en 685, qu'il se fit ermite dans la forêt des Ardennes, luttant entre le désir de chasser et la résolution énergique qu'il avait prise d'y renoncer.

Il mourut à Tervueren en Brabant, le 20 mars 727.

Son corps, d'abord déposé dans l'église Saint-Pierre, à Liège, fut transporté, en 817, à l'abbaye d'Andain dans les Ardennes, par les soins des moines de cette abbaye, ce qui donna naissance à un pèlerinage que le roi Louis le Débonnaire encouragea par son exemple.

Toutefois ce ne fut pas de prime abord que saint Hubert s'imposa à la vénération des chasseurs ; saint Germain et saint Martin lui disputèrent longtemps cet honneur.

Ce ne fut qu'au Xe siècle qu'il reçut à lui seul les invocations de ceux qui se proclament encore aujourd'hui les disciples de saint Hubert.

Comme la translation des restes du saint eut lieu

le 3 novembre, ce fut ce jour-là que les chasseurs adoptèrent pour célébrer sa fête.

Bientôt, ce fut une coutume généralement suivie dans les Ardennes de lui consacrer les prémices de toutes les chasses et de lui offrir la dixième partie du gibier tué.

Autrefois, dans les campagnes, dit Leverrier de La Contrie, à la chapelle du vieux manoir ou au fin fond des forêts, sur l'autel en ruine élevé par la piété d'un pèlerin ou d'un chasseur en péril, à saint Hubert ou à Notre-Dame des Bois, un clerc, lisant un missel enfumé, dépêchait la messe du bienheureux patron ; autour se pressaient les veneurs debout et découverts, la trompe au col, le couteau de chasse à la ceinture ; les valets de limier tenant les limiers à la botte ; les piqueurs contenant sous le fouet la docile impatience des chiens couplés. A la consécration, les trompes faisaient entendre la *Saint-Hubert*. A ce bruit tant aimé, les chevaux hennissaient, les chiens se récriaient.

Cependant le clerc bénissait le pain des veneurs, qui devait pendant l'année préserver les chiens de la rage ; puis, quand la dernière prière s'envolait des lèvres, les veneurs étaient en selle et la chasse partait.

Avant la révolution de 1789, la messe des chiens, à Chantilly, avait une grande renommée ; l'auteur des *Fêtes légendaires* en a laissé un récit très imagé :

« A la Saint-Hubert, la chapelle de Chantilly était parée comme aux grands jours de fête : des fleurs jonchaient le chenil composé d'une aile entière de la seconde cour circulaire du château.

« Le plus vieux gentilhomme, monté sur le plus vieux cheval, suivi du plus vieux chien, accompagné du plus vieux piqueur, ouvrait la marche des chiens, qui se rendaient solennellement à la messe.

« Ce jour-là, le peigne, la brosse, l'éponge, donnaient au poil tout le lustre voulu ; les queues et les oreilles se soumettaient à l'étiquette ; les remontrances et l'eau de savon venaient à bout des plus récalcitrants.

« Introduits par ordre de races au centre de la chapelle, on les rangeait de front, d'après l'âge ou le mérite, devant le tableau de saint Hubert exposé sur l'autel. L'aumônier commençait l'office, et rien n'était omis dans la liturgie spéciale ; puis il montait en chaire, prononçait le panégyrique du patron des chasseurs et des chiens, recommandait surtout d'épargner les petits oiseaux, les bêtes inoffensives, et racontait la fin tragique des chiens qui, d'un coup de dent, avaient détruit la couvée bénie de Dieu et les oiseaux utiles aux laboureurs : il recommandait tout particulièrement le roitelet, la mésange, les becs-fins, l'alouette, l'hirondelle et les petits passereaux qui voltigent dans les buissons et les

blés et vivent sous le chaume du métayer dont ils
sont la bénédiction.

« Tous les chiens devaient écouter en silence.
Malheur au pointer qui eût bâillé à l'exorde !
Malheur au lévrier qui eût dormi sur ses pattes au
second point ou qui se fût permis quelque gratte-
ment incivil à la péroraison !

« Le son du cor annonçait la fin de l'office, et
alors chacun pouvait donner l'essor à ses instincts ;
les aboiements prolongés et les bonds fabuleux témoignaient de la joie générale.

« Cette curieuse cérémonie que nous trouvons
dans les mémoires du temps de Condé avait pour
but d'éloigner des chiens la gale, le mal d'oreilles,
les crevasses, les morsures de serpents, les piqûres
des plantes vénéneuses, la blessure des sangliers, et
surtout la rage et les accidents de chasse. »

Aujourd'hui encore certains veneurs fidèles à la
tradition commencent la journée par l'audition
d'une messe.

Saint Martin dut plutôt être considéré comme
le bienfaiteur des oiseaux que comme le patron des
chasseurs ; on sait que le martinet lui doit son
nom, si nous en croyons la tradition.

Le premier laboureur qui cultiva le chanvre se
trouva dans un grand embarras quand le grain
commença à atteindre sa maturité ; une foule d'oiseaux, qu'on appela plus tard martinets, s'abatti-

rent sur son champ, et le pauvre homme fut condamné à les pourchasser. Tous les jours, même les dimanches et fêtes, il lui fallait rester en faction ; les plus belles volées des cloches se perdaient dans les airs sans qu'il pût répondre à leur appel. Dans sa détresse, il invoqua avec ardeur saint Martin, et grande fut sa surprise lorsqu'un dimanche, avant la messe, il vit tous les oiseaux se rassembler dans une grange ouverte et y demeurer paisiblement tant que dura l'office. Le brave homme put désormais assister à toutes les fêtes paroissiales, car ce miracle se renouvela en faveur de sa dévotion jusqu'au jour où il eut terminé sa récolte.

Depuis lors cet oiseau fut considéré comme celui de saint Martin et prit le nom de martinet.

La représentation du cerf dans un grand nombre de bas-reliefs qui se trouvent dans les anciennes églises symbolise la chasse faite au démon par Jésus-Christ.

Origène, dans sa dix-septième homélie sur la Genèse, dit que le cerf sent les lieux où sont cachés les serpents, et que, s'étant mis à l'entrée de leur trou, en tirant son haleine il les attire à lui de telle sorte qu'ils sortent et se jettent entre ses dents et il les dévore ; qu'aussitôt après les avoir mangés, il court aux fontaines pour se rafraîchir, et qu'il est si altéré que, s'il demeure trois heures sans boire, il meurt tout de suite.

Ce qui est certain, c'est la prédilection du moyen âge pour le cerf et la place distinguée qu'il lui a accordée dans sa symbolique.

La peau du cerf servait jadis pour ensevelir le corps de nos rois après leur mort. On pensait alors qu'un animal que les souverains seuls avaient le droit de tuer, devait fournir à ses meurtriers un linceul honorable et distingué (B. de Roquefort).

La chair du cerf se servait aussi sur la table des grands, et des peines sévères furent édictées dans la loi Salique et dans celle des Ripuaires (*de Vena-tionibus*) contre quiconque tuerait ou volerait un cerf domestique.

Les mêmes lois punissaient ceux qui volaient des chiens.

Le vol d'un chien de chasse était puni de quinze sous d'amende, et de quarante sous lorsqu'il s'agissait d'un chien dressé.

Mais la loi des Bourguignons, pour bien établir la différence qui existait entre un cerf et un chien, condamnait le voleur de l'un ou de l'autre à l'amende; mais, de plus, elle obligeait le voleur à baiser le derrière du chien (*Additam. Leg. Burgundionum*, cap. x).

Nous venons de voir des cerfs chargés d'une mission divine, une autre légende nous montre un lièvre jouant un rôle surnaturel. C'est la légende du grand saint Rambert.

Il est convenu que les saints sont tous grands.

Donc saint Rambert, dont le nom ne figure pas dans le Martyrologe romain dressé par ordre de Grégoire XIII, s'appelait en latin quelquefois *Raymbertus* et même *Rambertus,* mais plus ordinairement *S. Ragnebertus.* Il était prince du sang sous la première race de nos rois. On voit son seing apposé sur une charte donnée par Clovis II et datée de Clichy, 662 ; à côté de sa signature figure celle d'Ebroïn, qui fut depuis maire du palais, un vilain monsieur qui ne cherchait qu'à se débarrasser de tous les gens qui, en possession de la confiance du roi, par cela même lui portaient ombrage.

Ebroïn accusa Rambert d'avoir voulu attenter à sa vie, et prononça son arrêt de mort ; mais, à la sollicitation de saint Ouen, cet arrêt fut commué en un ordre d'exil à la frontière de Bourgogne.

La vengeance du cruel Ebroïn n'était que différée. Quelque temps après il envoya dans le Bugey deux sicaires pour tuer Rambert. Il est saisi pendant la nuit dans sa retraite et amené dans la vallée de l'Albarine, derrière l'oratoire de Domitien. Là, au bord du torrent du Brébon, il est tué d'un coup de lance, lorsqu'à genoux sur un rocher il adressait à Dieu sa dernière prière.

Ebroïn fut à son tour tué par le soldat Hermanfroi.

Mais en 1076 un bon religieux eut trois visions successives dans lesquelles saint Rambert lui apparut, et lui dit :

« Lève-toi de suite et va là où Dieu te montrera, et porte sans hésiter les ossements de mon corps, ainsi que les reliques de saint Domitien, par delà le fleuve de la Loire, au monastère de Saint-André, dans le comté de Forez. »

Et voilà notre homme qui se rend au tombeau des deux saints et prie Dieu de les lui ouvrir.

Aussitôt il voit à terre la pierre tombale ; il n'a plus qu'à avancer la main et à cueillir les os des deux saints, qu'il fourre dans deux besaces dont il avait eu le soin de se munir.

Il les traîna comme il put ; mais, lorsqu'il fut arrivé au pied du mont où se trouvait le château fort appelé Izeron, il jeta ses deux besaces à terre, et, harassé de fatigue, il se disposa à prendre un peu de repos.

Or, en ce moment, des chasseurs du comte Gillin, gouverneur de la province, approchaient, poursuivant un lièvre que les chiens venaient de lancer des buissons.

D'ordinaire un lièvre ainsi poursuivi ne s'amuse guère à s'arrêter en route ; mais celui-ci n'eut pas plus tôt aperçu les besaces pleines des saints os qu'il s'arrêta court et ferme.

Et les chiens, qui étaient sur le point de l'atteindre, l'imitèrent et demeurèrent immobiles.

Les chasseurs stupéfaits se demandent à l'envi :

« Qu'est cela ? Qui a jamais vu pareille chose ? Courons dire à notre maître, le comte, ce que nous avons vu. Il y a là le doigt de Dieu qui fera bientôt connaître la raison de tout ceci. »

Ils y vont et racontent tout ; le comte s'étonne de la nouveauté du fait, il s'élance et accourt pour voir s'ils disent vrai. Le comte en s'approchant aperçoit l'homme et ses besaces et, à peu de distance, le lièvre tranquillement assis sur son derrière, et les chiens dans la même posture.

Stupéfait, le comte fut d'abord tenté de commencer par s'emparer du lièvre, qui ne lui faisait pas même l'honneur de remarquer sa présence ; mais il se dit que, puisque l'animal se montrait de si bonne composition, il attendrait bien quelques moments encore, et, s'adressant à l'homme, il l'interrogea.

« Je suis le serviteur de Dieu et du très saint martyr Rambert, répondit celui-ci, et je porte ses os, ainsi que ceux du saint confesseur Domitien, au monastère de Saint-André.

— Attends ici quelques instants, dit alors le comte qui ne songeait plus à son lièvre, je vais appeler les gens du voisinage, afin qu'à grand concours de peuple nous te suivions en pompe. »

Et sans tarder il envoie prévenir les recteurs du monastère, le clergé, les populations voisines ;

bientôt une longue procession se forme escortant l'homme aux reliques ; ce fut de la sorte qu'on arriva sur le bord de la Loire.

Il s'agissait de la traverser.

Soudain les eaux se divisèrent, formèrent à droite et à gauche de véritables murailles, et cessèrent de couler.

Et ce fut ainsi que l'homme portant les reliques, suivi de tous ceux qui lui faisaient escorte, arriva à pied sec au monastère de Saint-André, où de nos jours on peut voir encore, dans son église restaurée, une châsse en métal doré, de style roman, qui contient les os de saint Rambert et de saint Domitien, ainsi que le constate le savant Révérend du Mesnil dans son *Ancien Forez*.

Quant au lièvre, oncques n'en a-t-on depuis entendu parler.

CHAPITRE II

Nous avons dit que les Gaulois aimaient passionnément la chasse.

Un usage religieux et bizarre tout à la fois leur était particulier : chaque fois qu'ils chassaient et qu'ils prenaient une pièce de venaison, ils mettaient en réserve, comme par reconnaissance, une petite somme : savoir, deux oboles pour un lièvre, quatre drachmes pour une biche, etc. Avec cet argent, le jour de la naissance de Diane, ils achetaient une victime, brebis, chèvre ou veau, selon que la somme était forte ; ils l'immolaient à la déesse et terminaient le sacrifice par un festin auquel assistaient leurs chiens couronnés de fleurs.

L'auteur des *Mœurs, usages et coutumes au moyen âge* constate que si la vénerie, en tant que science régulière, date d'une époque relativement rapprochée de nous, il n'en est pas de même de la fauconnerie, dont les premières traces se perdent dans le lointain des âges mythologiques.

Ce genre de chasse, dont on avait formé un art très savant et très compliqué, fit les délices des grands seigneurs du moyen âge et de la Renaissance ; il était même en tel honneur à certaine époque qu'un gentilhomme et même une châtelaine ne se montraient jamais en public sans avoir le faucon sur le poing comme un emblème vivant de leur suzeraineté.

Les Gaulois et les Francs connaissaient la fauconnerie, et les évêques la prisaient, car Sidonius Apollinaris, évêque de Clermont, faisant l'éloge d'un certain Vectius, dit que personne ne l'égalait dans l'art de dresser un chien, un cheval ou un oiseau de proie.

Et c'est probablement parce que les prélats étaient accoutumés à considérer cet art comme chose toute naturelle qu'ils ne se gênaient pas pour entrer dans les églises avec leurs oiseaux de chasse qu'ils posaient délicatement, pendant l'office, sur les marches de l'autel.

D'autres, comme le seigneur de Sassay, avaient même, ou prétendaient avoir, le droit de déposer l'épervier ou le faucon sur le coin de l'autel.

Ce que voyant, quelques évêques firent de même, en ayant soin toutefois de placer leurs oiseaux à gauche, du côté de l'Évangile, afin de bien marquer la supériorité des droits de l'Église, et les nobles châtelains durent se contenter de placer les leurs à droite.

« L'oiseau était, comme l'épée, une marque distinctive inséparable des gentilshommes qui souvent allaient à la guerre leur faucon au poing. Durant la bataille, ils faisaient tenir leurs oiseaux par des écuyers, et ils les reprenaient ensuite sur leur main gantée, lorsqu'ils avaient cessé de combattre. D'ailleurs, il leur était interdit par les lois de la chevalerie de s'en dessaisir, fût-ce même pour prix de leur rançon, s'ils étaient faits prisonniers ; ils devaient, dans ce cas, mettre en liberté le noble oiseau, afin qu'il ne partageât pas leur captivité.

« Le faucon participait en quelque sorte de la noblesse de son maître ; il avait même une noblesse propre que les usages de la fauconnerie lui attribuaient, ainsi qu'à tous les oiseaux de proie qui pouvaient être dressés pour les chasses au vol, tandis que les autres oiseaux étaient indistinctement déclarés *ignobles*. Il n'y a pas même d'exceptions à l'égard des plus forts et des plus courageux, tels que l'aigle et le vautour que les naturalistes du moyen âge, dans leurs capricieuses classifications, reléguaient sans scrupule au-dessous du hobereau qui est le plus petit des oiseaux de chasse et dont le nom fut appliqué aux gentilshommes campagnards, lesquels, n'ayant pas les moyens d'élever et de posséder des faucons, se servaient du hobereau pour chasser les perdrix et les cailles. »

Un poète historiographe du roi Louis XII, le chanoine Guillaume Crétin, était passionné pour la chasse à l'oiseau ; il composa un poème dans lequel il exprime ainsi le plaisir qu'il éprouvait à voir un héron précipité du haut des nues par la vigoureuse attaque des faucons :

> Qui auroit la mort aux dents,
> Il revivroit d'avoir tel passe-temps.

La bataille de Crevant, livrée le 1er juillet 1423, fut une défaite pour les Français, qui furent battus par les Bourguignons commandés par le sire de Chastellux. — La forteresse de Crevant, située au bord de la rivière de l'Yonne, entre Auxerre et Avallon, ouvrait aux troupes françaises du centre une communication avec celles de la Picardie.

Le bâtard de la Beaume s'en était emparé au nom du roi Charles VII ; mais à peine ce guerrier s'y était-il installé qu'il en fut délogé par le sire de Chastellux ; ce fut alors que Jean Stuart et le maréchal de Severac vinrent à nouveau mettre le siège devant la place, et leurs troupes, qui accoururent de Gien, arrivées devant Coulange-la-Vineuse, en vinrent aux mains avec celles du parti bourguignon.

La victoire, indécise, allait enfin se déclarer en

faveur des Français, quand une sortie du sire de Chastellux changea l'espoir de la victoire en défaite.

Or, ce fut afin de récompenser le sire de Chastellux de sa belle conduite que le chapitre de la cathédrale d'Auxerre lui conféra le titre de Chanoine, dignité transmissible aux aînés de la famille et qui leur permettait d'assister aux offices armés de toutes pièces, le surplis par-dessus et le faucon au poing.

La Chesnaye des Bois, dans son *Dictionnaire de la noblesse*, mentionne le fait ; mais, laissant de côté le faucon pour ne s'occuper que des attributs du chanoine armé, il dit :

« C'est ce même Claude de Chastellux, maréchal de France en 1418, qui acquit pour lui et ses descendants seigneurs de Chastellux le droit d'entrée et de séance au chœur de l'église cathédrale d'Auxerre et aux assemblées du chapitre, l'épée au côté, revêtus d'un surplis et l'aumusse sur le bras, privilège que les doyens et chanoines de cette église lui accordèrent en reconnaissance du service qu'il leur avait rendu en leur remettant la ville de Crevant. »

Le 2 juin 1732, le comte de Chastellux, brigadier des armées du roi et capitaine-lieutenant des gendarmes de Flandres, prit possession de la dignité de premier chanoine héréditaire de l'église d'Auxerre en commençant par prêter au chapitre le serment que voici :

« Nous, Guillaume-Antoine, seigneur haut justicier de la terre, justice et seigneurie de Chastellux, promettons vivre et continuer en l'exercice de la religion catholique, apostolique et romaine, et que serons bons et loyaux à l'église et aux doyens, chanoines et chapitre de l'église cathédrale de Saint-Étienne d'Auxerre et aiderons de tout notre pouvoir à garder et défendre les droits, terres et possessions et autres revenus appartenant à l'église et auxdits doyens, chanoines et chapitre, pourchasserons le bien, honneur et profit d'icelle église et desdits doyens, chanoines et chapitre, et éviterons leur dommage de tout notre loyal pouvoir. »

Reçu chanoine, et son serment prêté, il se présenta à la porte du chœur en habit militaire : il était botté, éperonné; un beau surplis blanc et bien plissé couvrait son habit; un baudrier passait sur ce surplis, et son épée y était suspendue; il avait les deux mains gantées, un faucon sur le poing, une aumusse sur le bras gauche, et il tenait dans la main droite un chapeau orné de plumes blanches.

Il devait se conformer aux usages du clergé pour s'asseoir, se lever, se couvrir, se découvrir, etc.

La famille de Chastelus ou Chastellux est une famille considérable en France; elle remonte au

XIIIe siècle et a fourni des grands officiers à la couronne.

Le faucon était donc parfaitement placé sur le poing du gentilhomme chanoine.

Tout porte à croire qu'à Auxerre on conserva longtemps les traditions de saint Germain et que la chasse y compta toujours de fidèles adeptes. Ce qui est certain, c'est que la fauconnerie y était encore tellement en honneur dans le clergé au XVIe siècle que nous voyons l'évêque d'Auxerre, Dinteville, punir d'une façon exemplaire un de ses gardes qui avait vendu furtivement quelques oiseaux de sa fauconnerie.

De plus, le trésorier de la cathédrale de cette ville jouissait, tout comme le chanoine maréchal Claude de Chastellux, ou ses descendants, du privilège d'assister à l'office divin avec un épervier sur le poing.

Il en était de même du trésorier de la cathédrale de Nevers. Ce personnage avait aussi le singulier privilège d'assister au chœur botté, éperonné, l'épée au côté et l'oiseau sur le poing.

Et, pour que nul n'en ignorât, il timbrait son écu de l'épée et de l'oiseau.

Sous Louis XIII, on employait certaines cérémonies religieuses pour bénir l'eau avec laquelle on aspergeait les faucons partant pour la chasse et on adressait des conjurations aux aigles pour qu'ils eussent à respecter les faucons dans leurs nobles exploits.

Voici la formule la plus usitée :

« Je vous adjure, ô aigles, par le vrai Dieu, par le Dieu saint, par la bienheureuse Vierge Marie, par les neuf ordres des anges, par les saints prophètes, par les douze apôtres, etc... Que vous laissiez le champ libre à nos oiseaux et que vous ne leur nuisiez point. Au nom du Père, du Fils et du Saint-Esprit. »

La noblesse des faucons était en tel respect qu'on n'employait jamais pour un de ces oiseaux les ustensiles, harnais et vaisselle qui avaient été employés pour un autre faucon.

« Le gant même, ajoute Paul Lacroix, ce gant souvent magnifiquement orné d'orfèvrerie, sur lequel le faucon avait l'habitude de se reposer, servait à lui seul, et non à deux oiseaux. »

Chez les princes comme chez les dignitaires de l'Église, le chaperon des faucons était brodé, perlé, garni de plumes, et l'oiseau portait aux jambes deux petits grelots aux armes de son maître, qui rendaient un son clair et argentin quand il s'élevait dans l'air.

La propriété d'un faucon était considérée comme sacrée et inviolable.

Morais, dans son *Véritable Fauconnier*, rapporte que la terre de Maintenon, dans le pays chartrain, devait hommage chaque année au chapitre de l'église de Chartres, le jour de l'Assomption, d'un épervier armé et prenant proie, c'est-à-dire garni de ses jets, sonnettes et longes, et dressé à prendre perdreaux et cailles.

Le héron, employé pour la chasse aux poissons, servait déjà aux ecclésiastiques au XIVe siècle. En 1326, le roi Charles le Bel défendit à toutes personnes, excepté aux barons, d'en prendre « un vif » autrement qu'avec des faucons ou d'autres oiseaux de proie gentils, et Franchières, grand prieur d'Aquitaine, de l'ordre de Malte, qui avait sous sa domination une commanderie magistrale, vingt-cinq de chevaliers et cinq de chapelains et frères servants, dit, dans sa *Faulconnerie,* que « cette volerie est noble sur toutes les autres ».

Quant aux abbesses, elles pratiquaient aussi la chasse à l'aide du faucon ou de l'émerillon.

La chasse aux cygnes était en grand honneur à Amiens.

Cette chasse avait lieu chaque année, le premier mardi du mois d'août, et, comme elle était seigneuriale, elle appartenait à l'évêque, au chapitre, à l'abbé de Corbie et au vidame, à cause de la baronnie de Dours.

Car nombre d'évêques chassèrent en leur qualité de seigneurs, nombre de villes ayant pour seigneur naturel leur évêque.

« Les évêques de Cahors étaient de grands seigneurs qui vivaient noblement, dit M. P. Lacombe ; en montant à l'autel aux jours de fêtes solennelles, ils déposaient sur la nappe consacrée un casque, une épée et des gants de chevalier, pour les reprendre aussitôt après la célébration de l'office. Cette cérémonie disait clairement au peuple ce qu'ils étaient : barons d'abord, évêques ensuite. »

En ces deux qualités, ils possédaient des droits seigneuriaux dont ils usaient volontiers, et c'est ainsi qu'on voyait l'archevêque de Narbonne courir les champs des semaines entières, chassant en compagnie de ses chanoines et de ses archidiacres.

Mais revenons aux apparitions miraculeuses, aux conversions subites des chasseurs, qui sont fréquentes dans les dix premiers siècles de l'Église.

Le noble Sicambre Valbert, vicomte de Meaux, comte de Ponthieu, était aussi un chasseur déterminé, qui tout à coup abandonna non seulement la chasse, mais les honneurs et la grande vie qu'il menait, pour se vouer complètement à la vie cénobitique.

Le fait n'est pas rare, et on voit souvent ces batteurs de plaines et de bois s'éprendre tout à coup des charmes de l'existence solitaire de l'anachorète ; mais il est bien certain que plus d'un disciple de saint Hubert, en se faisant ermite, dut se faire violence pour résister à la tentation d'abattre une pièce de gibier passant à sa portée.

Lorsque Geoffroy Martel fut fait seigneur de Saumur par son père Foulques Nerra, il commença par défendre à ses paysans de défricher davantage la forêt de Saint-Lambert, ce qui eût préjudicié à ses chasses. Devenu vieux, il prit, comme son père, l'habit de moine dans l'abbaye de Saint-Nicolas d'Angers ; toutefois, ce ne fut qu'après sa mort que, selon sa volonté, la forêt de Saint-Lambert fut défrichée. Il avait voulu probablement que l'abbaye profitât du droit de chasse tant qu'il vivrait.

Dès la fin du VIIIe siècle et pendant tout le IXe, les rois de la seconde race conduisirent de grandes chasses dans les Vosges, et les seigneurs pourvus de hautes charges ecclésiastiques ne se faisaient nullement faute d'y chasser à courre dans les magnifiques forêts de sapins habitées par l'auroch, l'ours et le loup.

En 805, Charlemagne vint chasser sur les bords de la Vologne et s'arrêta toute une nuit sur une large roche de granit qu'on appelle encore, dans les Vosges, la *Pierre de Charlemagne*. Plus tard, les ducs de Lorraine chassèrent aussi dans ces parages, et un pieux seigneur, Bilon, fit bâtir, aux environs de la tour fortifiée élevée par Gérard d'Alsace à Gérardmer, une cellule et une chapelle destinées à saint Barthélemy, qui devinrent le refuge et le rendez-vous de tous les chasseurs, et le martyre de l'écorchement que subit le saint était une allusion, voulue ou due au hasard, au dépouillement que les chasseurs faisaient, à l'aide de leurs couteaux, des ours qui abondaient dans ces forêts, mais dont la chasse n'était pas sans danger. Saint Marin seul eut le pouvoir de commander à un ours qui était en train de manger son âne de prendre au moulin la place de la bête et de tourner la meule.

Mais, à toutes les époques, les chasseurs échappés par miracle aux dangers qu'offre la chasse en ont rendu grâces au Ciel, attribuant leur sauvetage à l'intercession d'un saint quelconque, ou même de la Vierge, et l'Église n'a jamais songé à s'inscrire en faux contre cette prétendue intercession; ce qui établit que la chasse, exercée dans une juste mesure, n'est jamais répréhensible.

Nous aurions la matière de plusieurs volumes, si nous voulions relater tous les cas dans lesquels la Providence a manifestement protégé le chasseur; mais les relever en partie serait se répéter, car tous sont à peu près identiques au fond.

Voici, par exemple, Anselme le Téméraire, seigneur de Ribeaupierre, qui, vers 1280, chassait le cerf dans les bois qui avoisinent Ribeauvillé, cette splendide et pittoresque partie des Vosges si fertile en sites agrestes; il se laissa aller à la poursuite de l'animal, qui, pour lui échapper, sauta d'un bond dans la vallée du Stringbach, du haut d'un rocher d'environ 15 mètres.

Le cheval du chasseur, entraîné par son propre élan, accomplit à son tour ce saut énorme sans que son maître fût blessé. Anselme, pour remercier le Ciel de cette grâce spéciale, fit élever une chapelle à la Vierge de Durenbach.

Témoigner sa reconnaissance à la Vierge ou aux saints pour avoir été tiré du danger par leur intercession est chose toute naturelle ; mais voici un fait plus curieux : Le plus ancien sceau du chapitre de Nevers, institué en 849 par l'évêque Heriman, représentait saint Cyr, patron de la cathédrale, vu à mi-corps, sortant de nuées et tenant une palme. A la fin du XVe siècle, l'usage était venu de représenter le petit saint Cyr monté sur un sanglier, et cela en mémoire d'un songe de Charles le Chauve, rapporté par l'historien nivernais Michel Cotignon, dans lequel ce prince, se voyant poursuivi à la chasse par un sanglier furieux, aurait été sauvé grâce à l'intercession de saint Cyr, qui aurait arrêté le sauvage animal.

Et non seulement les chanoines firent graver sur leur sceau saint Cyr sur un sanglier, mais cette vision de Charles le Chauve est sculptée sur un chapiteau de la cathédrale de Nevers, peinte sur l'une des verrières de l'église de Saint-Saulge en

Nivernais, et gravée sur un méreau obituaire du chapitre de Nevers. Michel Cotignon décrit ainsi les armes de l'église de Nevers : « D'un costé le portraict dudit S. Cire sur un sanglier et de l'aultre trois fleurs de lys. »

On sait que saint Gall, l'apôtre de la Suisse, qui vivait au VIe siècle, avait bâti sa cellule au bord du torrent de la Steinach. Il fut un jour surpris par un ours auquel il ordonna d'aller chercher du bois ; l'ours obéit, et, en récompense, le saint homme lui donna un pain.

Ce fut en souvenir de cette aventure que les sceaux de l'abbaye de Saint-Gall, dont nous aurons à reparler, portèrent l'empreinte du saint accompagné de l'ours tenant son pain.

Les armoiries du canton d'Appenzell (qui se trouvait jadis sous la domination du prince abbé) représentent l'ours de saint Gall debout, c'est-à-dire obéissant aux ordres du saint.

Les saintes elles-mêmes exercèrent parfois la puissance de leur force morale sur les animaux, témoin sainte Austreberte, née dans l'Artois en 633, morte en 704. Elle était parente de Dagobert et fut la première abbesse du monastère de Pavilly près Jumièges. Ses religieuses étaient chargées du soin de blanchir le linge de la sacristie de Jumièges ; un âne transportait le linge d'un monastère à l'autre, et il n'était ordinairement accompagné d'aucun guide ; il advint un jour que le pauvre animal fut étranglé par un loup.

Austreberte, attirée par les cris de l'âne, arriva trop tard pour lui porter secours, mais elle étendit la main sur le loup et lui ordonna de se charger du fardeau de sa victime ; le loup obéit sans murmurer et continua jusqu'à sa mort à remplir les fonctions de l'âne, — ce qui dénotait un bon caractère de loup.

Au VIIIe siècle on construisit une chapelle commémorative de cet événement dans la forêt de Jumièges.

Plus tard, la chapelle, tombée en ruines, fut remplacée par une croix de pierre qui était encore debout au commencement de ce siècle.

On croit que cette tradition a donné lieu à la fête du loup vert qui se célèbre à Jumièges, le 24 juin, avec le concours du curé, des chantres et des enfants de chœur de la paroisse.

Un habitant du hameau de Couilhout, revêtu d'une houppelande verte, représente le loup et se met à la tête de la confrérie dite du « loup vert », qui se dirige vers un endroit appelé le Chouquet ; là, le curé et ses chantres viennent chercher la bande pour la mener à l'église où se dit l'office. — On déjeune ensuite chez le loup, et le menu est exclusivement composé de plats maigres. — Puis les danses commencent jusqu'à l'heure où s'allume le feu de la Saint-Jean, qui est salué par un *Te Deum*.

Alors a lieu une sorte de battue organisée par les assistants, qui forment une ronde autour du feu et essayent de saisir le loup; mais c'est celui-ci qui, seul, armé d'une longue baguette, tape à coups redoublés sur ceux qui veulent s'emparer de lui; quand à la fin il est pris, on fait mine de le jeter au bûcher, et la journée se termine par un nouveau repas, toujours en maigre, offert par le loup.

Toute personne qui y prend part et parle de choses étrangères à la réunion est obligée de réciter debout et à haute voix le *Pater noster*. Le lendemain la fête recommence avec les mêmes personnages et un programme dans lequel figurent encore des cérémonies de l'Église.

Les loups-garous (lycanthropes), dont l'existence fut solennellement constatée par une réunion de docteurs théologiens assemblés par l'Empereur Sigismond, vers 1430, pouvaient et devaient être chassés par les ecclésiastiques de tous ordres, puisque les théologiens du moyen âge étaient d'avis que la transformation des sorciers en lycanthropes était un fait positif et constant et que l'opinion contraire était suspecte, malsonnante et voisine de l'hérésie.

Bodin et Beauvoyx de Chauvincourt, au XVIe siècle, ont traité cette question à fond.

En Picardie, la bête canteraine, qui est classée parmi les loups-garous, n'était autre que le fameux comte de Saint-Pol Campdaveine, l'ennemi juré du clergé.

« On le voyait pendant la nuit, chargé de chaînes et transformé en loup, parcourir les rues en poussant d'affreux hurlements. »

La bête canteraine était l'effroi de la Picardie, comme la bête du Gévaudan était la terreur des diocèses de Mende et de Viviers, et quand le brave M. d'Enneval, un gentilhomme normand ayant la réputation d'un chasseur célèbre et qui avait blessé le grand loup du Soissonnais, quitta volontairement sa province pour délivrer le Gévaudan de la bête qui l'affolait, ce fut en compagnie du vénérable curé d'Aumont qu'il battit les bois de Saint-Châly, le 21 avril 1765.

Or, il faut dire qu'une prime de mille écus avait été offerte à quiconque tuerait le monstre, et qu'un berger de la montagne de l'Estival, qui se mêla aux chasseurs, se trouva en présence de la bête, mais il eut peur et cria au secours; ce fut le curé d'Aumont qui courut résolument, un pistolet à la main, sur l'animal, qui s'enfuit à son approche.

Quant à M. d'Enneval, lui aussi, pris de peur, manqua la bête, et les états du Languedoc durent voter une nouvelle prime de 2,000 livres à laquelle il fut joint 400 livres par les diocèses de Mende et de Viviers et 2,000 écus fournis par le roi ; mais personne n'osa s'aventurer, ce qui décida le roi à envoyer en Gévaudan son porte-arquebuse, intendant des chasses, le chevalier Antoine, qui se rendit à Florac, où il fut reçu par le chanoine député du chapitre de Mende, les prieurs réguliers d'Aubrac, de Langogne et de Sainte-Énimie, l'abbé des Chambons, les commandeurs de Palliers et de Gap-Francès, représentants du clergé, et par les hauts barons du Tournel, du Roure, de Florac, de Briges, de Saint-Alban, d'Apchies, de Peyre et de Thoras.

Ce fut le chevalier Antoine qui, aidé d'un jeune garde, tua de deux coups de feu l'animal dans les bois de l'abbaye de Chazes. La bête du Gévaudan était bel et bien un loup de « trente-deux pouces de haut, cinq pieds neuf pouces et demi de long, trois pieds de grosseur et quarante dents ».

Ce loup monstrueux avait, en quatorze mois, dévoré quarante-six personnes et en avait blessé soixante et onze.

Et ce ne fut pas la faute du brave curé d'Aumont s'il ne passa pas plus tôt de vie à trépas.

C'étaient de hardis compagnons que les gens d'Église du Gévaudan, et quand Mgr Anne-François-Victor Le Tonnelier de Breteuil devint, le 7 juin 1764, évêque-seigneur de Montauban et abbé de Belleperche, il fit bien voir qu'il s'entendait aussi bien au maniement des armes qu'à réciter ses orémus, en croisant le fer avec Antoine de Lacaze.

Mais tenons-nous à la chasse.

Le sanglier fut de tout temps chassé par les ecclésiastiques, et mettre à mort cet animal dangereux était une action trop louable et trop utile pour qu'elle leur attirât des reproches.

Plus on remonte en arrière, plus on voit que les sangliers venaient jusqu'aux portes des villages jeter la terreur dans les esprits crédules des naïfs habitants, qui voyaient en lui une image de Satan.

De temps en temps quelque ermite se dévouait et livrait combat à l'une de ces bêtes lorsqu'elle était devenue trop à craindre dans un canton. La victoire lui valait alors l'adoration des paysans, qui n'hésitaient pas à le qualifier de saint.

La fondation de l'abbaye de la Couronne en Angoumois est due à un évêque dont la réputation commença par un combat de ce genre. Lambert, né à Saint-Jean de la Palud en 1080, avait embrassé de bonne heure la vie religieuse. La chronique latine de l'abbaye nous apprend qu'en ce temps-là un monstre épouvantable ravageait le pays et effrayait les habitants, qui n'osaient plus vaquer à leurs occupations. Lambert résolut d'occire cet animal, qu'il combattit et éventra. Ce fut à partir de

ce moment que sa réputation de sainteté se répan-
dit et que de nombreux disciples vinrent se joindre
à lui dans la solitude qu'il habitait et où il fonda
l'abbaye de la Couronne, qui devint l'une des plus
riches et des plus puissantes de l'Aquitaine. Ce fut
de là que Lambert fut appelé, en 1136, au siège
épiscopal d'Angoulême.

La chasse aux animaux dangereux ne saurait, il
est vrai, être confondue avec celle qui ne constitue
qu'un plaisir, et c'est surtout celle-ci que les canons
de l'Église interdisent.

« Les prêtres et les moines d'aujourd'hui, dit
Delhommeau (*Cout. d'Anjou*), quittent les heures
du service divin pour prendre le service de la
chasse. »

Les artistes du moyen âge ne craignaient pas de
symboliser la chasse dans les églises, et dans *la
Promenade du rempart* nous voyons figurer un
tableau ornant, en 1702, la cathédrale d'Amiens et
représentant la chasse sous les traits d'une femme
tenant un arc à la main, un sabre pendu à sa
ceinture, une pipe à la bouche et un chien à ses
côtés.

On voit aussi dans les sculptures de nombre d'é-
glises figurer la crosse épiscopale armée d'une pointe
par le bas, pour signifier le courage que doivent
montrer les pasteurs d'hommes pour défendre leurs
troupeaux contre la violence des loups.

La chasse aux bêtes dangereuses est donc toujours et partout, non seulement tolérée, mais recommandée tacitement aux ecclésiastiques.

CHAPITRE III

GINHARD nous a raconté la magnificence des équipages de chasse de Charlemagne, le nombre considérable de chiens, d'oiseaux et d'animaux de toute espèce dont ils étaient composés.

Ce monarque, quand il ne donnait pas ses soins à la rédaction de ses fameux capitulaires, occupait tous ses loisirs à la chasse, et les forêts giboyeuses qui avoisinaient Aix-la-Chapelle furent bien souvent le théâtre de ses exploits cynégétiques.

Un dimanche, rapporte le moine de Saint-Gall, Charles, après la célébration de la messe, dit à ses fidèles :

« Ne nous laissons pas engourdir par l'oisiveté, et, sans rentrer au logis, vêtus comme nous le sommes, partons pour la chasse. »

Cette invitation était un ordre.

Et le chancelier-abbé, et le notaire-abbé, et les dignitaires de tout rang, de sauter à cheval et de galoper vers la plaine.

« Le ciel était voilé par un épais brouillard, une pluie fine et froide descendait vers la terre, ajoutant encore à la tristesse des bois dépouillés de leur feuillage. Charles avait le matin jeté sur ses épaules une peau de brebis qui, déjà soumise à bien d'autres épreuves, ne valait plus même le misérable rochet de saint Martin. »

Quant aux gens de cour, ils étaient parés de leurs riches vêtements d'apparat : les uns étalaient sur leur poitrine de somptueuses étoffes de soie que rehaussaient, en manière de broderies, des plumes aux mille couleurs, enlevées à la queue des paons et à la gorge des oiseaux de Phénicie.

Les autres avaient des habits teints dans la pourpre de Tyr et brodés avec des franges d'écorce de cèdre ; d'autres enfin portaient des étoffes piquées et des fourrures en peau de loir.

On courut tout le jour à travers les plaines et les bois, sous la pluie qui ne cessait pas de tomber.

Et les riches parures s'accrochaient, se déchiraient au contact des ronces et des branches d'arbres, se trempaient de l'eau du ciel et du sang des fauves qu'on tuait.

Lorsqu'on signala la rentrée des chasseurs au palais, ce fut une troupe de penailleux qu'on vit arriver.

Charlemagne, heureux d'avoir puni la frivole ostentation de ses conseillers, voulut encore se divertir à leurs dépens. Il ordonna que chacun parût le lendemain au palais avec son habit de la veille.

Ils se présentèrent, fort mortifiés, dans leur triste équipage.

Charles, les voyant tous réunis, dit en riant au domestique de sa chambre :

« Va-t'en frotter dans tes mains notre habit de chasse et hâte-toi de nous le rapporter. »

Ce fut besogne bientôt faite, et Charles put, en montrant sa peau de brebis intacte, plaisanter à son aise le luxe de ses dignitaires, qui, pour la plupart, étaient des hommes d'Eglise et d'Etat en même temps.

Le premier officier du palais de Charlemagne était l'apocrisiaire, et cette haute fonction, qui donnait à celui qui l'exerçait une grande puissance, fut parfois dévolue à de simples abbés : tels Fulrad, abbé de Saint-Denis ; Angilbert, abbé de Saint-Riquier, etc.

Après l'apocrisiaire, venait le chancelier, et Engelramme réunit en ses mains les fonctions d'archichapelain et de chancelier ; mais elles furent séparées en faveur de Jérémie, qui devint archevêque de Sens, après avoir eu pendant quelque temps l'administration du sceau royal. On compte encore, parmi les chanceliers de Charlemagne, Hildebrod, l'archevêque de Cologne.

Le notaire Rotfrid, qui remplit en 808 les fonctions d'ambassadeur, était abbé de l'abbaye de Saint-Amand.

La cour était donc formée de seigneurs laïques et de prélats qui vivaient à peu près de la même façon et prenaient les mêmes plaisirs en commun, particulièrement celui de la chasse, bien qu'il eût été déjà, à plusieurs reprises, l'objet des censures de l'Église.

A cette époque, la plupart des prêtres ne suivaient pas l'état ecclésiastique pour céder à une vocation religieuse, mais bien pour satisfaire leur secrète cupidité, séduits par le temporel et les aumônes de la pénitence. « N'en doutons pas, dit M. de Marchangy, les abus qui souillaient alors une grande partie des monastères avaient leur germe dans les barbares coutumes du moyen âge, dans les restes de l'idolâtrie et les pratiques de ces siècles guerriers. »

Les évêques, les abbés, portaient, selon l'expression de Monstrelet, un bassinet pour mitre, une pièce d'acier pour chasuble, pour crosse une hache d'armes ; ils chaussaient l'éperon des chevaliers et n'allaient visiter leurs diocèses et leurs abbayes qu'en partie de chasse, l'épervier sur le poing et précédés de chiens et de veneurs.

En 5o6, le concile d'Agde défendit aux ecclésiastiques l'emploi des chiens de chasse et des oiseaux de proie dressés.

Il paraît que ceux-ci continuèrent à s'en servir, car nous verrons plusieurs fois les mêmes défenses se reproduire.

En ce qui concerne les chiens, il faut croire que si les gens d'Église se montrèrent jadis si désireux d'en posséder, ils les prirent plus tard en aversion, car, en compulsant l'histoire des diverses provinces de France, nous voyons apparaître un fonctionnaire attaché aux églises, ayant titre de chasse-chien.

Ainsi, à Abbeville, l'église du Saint-Sépulcre, bâtie au XVe siècle, fut le théâtre d'un événement dont nous empruntons le récit à Ernest Prarond :

« Il y avait, en 1724, une place spéciale de chasse-chien dans l'église du Saint-Sépulcre. Un jour, le chasse-chien ayant voulu faire sortir le chien d'un soldat du régiment de Saxe, celui-ci tira son épée du ceinturon avec le fourreau et en porta audit chasse-chien un coup assez violent pour que le sang se répandît sur les dalles. L'église fut interdite pendant plusieurs jours et rebénie avec pompe sur une permission de l'évêque. Pendant les cérémonies expiatoires, un détachement du régiment de Saxe, qui était sous les armes dans le cimetière, fit de nombreuses décharges. Le coupable avait disparu et le blessé était guéri. Jamais pourtant la place de chasse-chien, supprimée de fait par l'accident de son premier titulaire, ne fut rétablie, et les attributions qui y étaient attachées revinrent grossir celles des suisses. »

Le concile d'Epaône, en 517, non seulement défendit la chasse et l'emploi des chiens et des oiseaux de proie, mais il prit soin d'édicter les peines applicables à ceux qui transgresseraient ses inhibitions.

En cas de désobéissance, le diacre était suspendu de la communion pendant un mois, l'évêque et le prêtre pendant trois mois

Le concile de Mâcon de 596 poussa la sévérité jusqu'à défendre aux évêques d'avoir chez eux de ces chiens et de ces oiseaux.

Le huitième canon du troisième concile de Tours, le neuvième canon du second concile de Chalon-sur-Saône en 713, le quatorzième canon du concile de Mayence, tous en la même année, défendent péremptoirement aux ecclésiastiques de s'adonner au plaisir de la chasse.

Par un capitulaire de 789, l'empereur Charlemagne défendit aux évêques, aux abbés et aux abbesses de nourrir des chiens, des faucons, des éperviers pour la chasse et des « farceurs ». Sans doute, dit Le Grand d'Aussy, il avait cru avec juste raison qu'un amusement si profane était peu fait pour des gens qui, par un vœu exprès, renonçaient au monde et à ses plaisirs.

Reste à expliquer le mot farceurs.

Le jurisconsulte allemand Heinecke et le béné-
dictin dom Martène nous apprennent qu'à cette
époque un usage assez singulier s'était introduit
dans les couvents, celui d'avoir des bouffons. Certains prêtres ne dédaignaient point de chercher
dans leur entretien quelque distraction aux sévéri-
tés de la discipline ecclésiastique, et ce fut pour ré-
primer ces abus que l'ordonnance de 789 porta
défense aux gens d'Église d'avoir des farceurs
aussi bien que des chiens de chasse. Au reste dom
Martène mentionne en outre ce corollaire : « De
même nous interdisons aux clercs d'être farceurs,
goliards ou bouffons, leur déclarant que, si dans
l'année ils ont joué ce rôle déshonorant, ils seront
dépouillés de tout privilège ecclésiastique ; et si,
avertis, ils persistent, ils pourront être frappés de
peine plus grave par le pouvoir temporel. »

Certes, Charlemagne avait raison de vouloir
faire respecter les canons de l'Église, mais il était
assez difficile de concilier la part que prenaient ses
prélats dignitaires aux chasses royales avec l'interdiction d'avoir des chiens de chasse et des oiseaux
de proie. Évidemment cette défense ne devait con-
cerner que le menu des religieux.

Aussi les moines de l'abbaye de Saint-Denis qui,
de leur côté, étaient grandement désireux d'avoir
le droit de chasser le cerf dans les domaines de la
puissante abbaye, s'adressèrent-ils en toute con-

fiance à Charlemagne pour qu'il leur concédât cette faculté.

Mais celui-ci la refusa tout net, en alléguant que les canons de l'Église s'opposaient à ce que les moines se livrassent à un divertissement qui oblige à verser le sang des animaux, ce qui était tout à fait inconciliable avec leur caractère.

Les moines ne répliquèrent pas, mais ils trouvèrent un biais, et l'abbé de Saint-Denis, lorsqu'il sollicita à nouveau pour ses religieux l'autorisation de chasser, eut soin de représenter au roi que c'était uniquement dans l'intention de pouvoir procurer aux frères malades une nourriture substantielle en leur faisant manger la chair des animaux tués par les frères bien portants.

Charlemagne n'était pas disposé à céder. Le motif invoqué ne lui paraissait pas suffisamment concluant, mais l'abbé en avait réservé un dernier qui devait lui faire obtenir la permission qu'il demandait. Il savait que le roi était un lettré, il amena adroitement la conversation sur la bibliothèque de l'abbaye et témoigna le regret de ne pouvoir assurer la conservation des manuscrits en les reliant avec la peau des animaux tués à la chasse, ainsi qu'il eût été possible de le faire si le roi avait consenti...

Charlemagne n'eut pas besoin d'en entendre davantage; il accorda l'autorisation demandée, et un article d'un capitulaire, de l'année 774, contient cette disposition que les moines de l'abbaye de Saint-Denis sont autorisés à chasser, dans les bois appartenant à l'abbaye, les cerfs et autres bêtes à poil, à charge d'en réserver la chair pour les malades et la peau pour la reliure des manuscrits.

Les fourrures étaient d'un usage commun aux VIIIe et IXe siècles ; mais les grands, seuls, pouvaient se procurer des peaux de loutre ou de martre, les moindres gens portaient des peaux de fouine, celles-ci coûtaient dix sous et celles-là trente, suivant le maximum établi par un capitulaire de l'année 808.

Les peaux de bêtes étaient donc jusqu'alors réservées à la confection des vêtements d'hiver ; les moines de Saint-Denis furent les premiers qui se servirent de peau de cerf pour la reliure. Ils furent bientôt imités par les religieux de plusieurs abbayes.

Ce furent d'abord les moines de l'abbaye de Saint-Bertin qui, ayant appris le privilège concédé par Charlemagne à ceux de Saint-Denis, firent des démarches auprès du prince pour obtenir l'autorisation de chasser le cerf, le chevreuil et les animaux carnassiers, et non seulement ils la demandèrent également afin de pouvoir employer les cuirs pour la reliure et la chair pour les frères malades ou convalescents, mais ils ajoutèrent le besoin de se procurer des ceintures et des moufles, ou gants, pour les religieux.

Aussi, lorsqu'en 788 ils reçurent de Charlemagne le droit de chasser, chaque fois qu'un moine de l'abbaye avait besoin de se rendre à la Cour, il ne manquait pas de s'y présenter, la robe fixée aux reins par une ceinture taillée dans une peau de bête et les mains couvertes par des moufles en daim ou en castor.

Malgré le vif désir qu'avaient les moines des diverses provinces d'obtenir l'autorisation de détruire, à leur profit, le gibier gros et petit, beaucoup se la virent refuser et durent se contenter d'une dîme à prélever sur le produit de la chasse soit en nature, soit en argent.

Geoffroy, comte d'Anjou, fonda à Saintes, en 1047, avec sa femme Agnès, un monastère de religieuses bénédictines, sous le nom de Sainte-Marie, le comte et la comtesse accordèrent, par une charte à l'abbaye, quatorze manses dans l'île d'Oléron, avec la dîme des cerfs et des biches qu'on prendrait dans l'île « pour couvrir les livres des religieuses ».

Le château et la terre de Couhé, en Poitou, relevaient de l'abbaye de Saint-Maixent à foi et hommage lige, au devoir d'une peau de cerf pour couvrir les livres de l'abbaye.

Pendant de longues années, lorsque le seigneur

de Couhé rendait son hommage, il devait avoir sur lui une chape fourrée qu'il offrait après la cérémonie au chambrier de l'abbaye.

Le droit de chasse accordé à l'abbaye de Saint-Denis fut usurpé par des seigneurs voisins.

Suger, qui en était alors abbé, se détermina, pour maintenir les droits affectés à son ministère, à faire en personne une chasse dans la forêt d'Iveline appartenant à l'abbaye.

Il assembla les feudataires les plus importants de cette abbaye, le comte d'Évreux, Amauri de Montfort, Simon de Neauphle, Évrard de Villepreux et plusieurs autres ; il alla passer avec eux huit jours entiers sous la tente, et pendant tout ce temps on ne discontinua pas de chasser le cerf.

Au retour, Suger fit faire partout des présents de venaison et ce qui resta du gibier tué fut distribué aux soldats de la ville.

Cette démonstration cynégétique avait pour but de bien établir, une fois pour toutes, que le droit de chasser dans les possessions abbatiales appartenait exclusivement à l'abbaye, et, plus exactement, au seigneur abbé.

Car les titulaires des grandes abbayes étaient de puissants personnages.

Magenard, l'abbé de Saint-Maur-les-Fossés, près Paris, en 960, peut passer pour un des plus déterminés chasseurs de son temps.

C'était un homme de qualité, qui aimait le luxe et l'éclat, et les chroniques du temps racontent méchamment qu'il était plus assidu à la chasse qu'à l'office ; mais les chroniqueurs n'ont jamais manqué d'assaisonner leurs récits d'une pointe satirique.

La vérité est que l'abbé Magenard nourrissait, aux dépens du monastère, des meutes de chiens et des oiseaux, et que les simples moines, encouragés par l'exemple de leur supérieur, se livraient volontiers au déduit de la chasse.

Ils s'y livrèrent même si fréquemment qu'un religieux, nommé Adic, choqué de voir ses collègues délaisser les exercices du monastère pour ceux de la chasse, eut recours à la puissance séculière et porta sa plainte au comte de Corbeil, Burkard.

Celui-ci, homme d'une piété solide, instruisit le roi de ce qui se passait et le pria de lui confier la direction du monastère pour y remettre la règle en vigueur, ce à quoi le roi voulut bien consentir. Burkard se rendit alors auprès de saint Maieul, abbé de Cluny, et le supplia de venir en personne réformer l'abbaye de Saint-Maur, ce qui fut fait, et, à partir de ce jour, les engins de chasse de Magenard durent disparaître, ainsi que les faucons et les autres oiseaux qu'il y avait réunis.

L'abbé Magenard ne put se consoler de la privation de la chasse qui lui était imposée, et, bien qu'en considération de sa noblesse et de ses qualités on lui eût donné en échange de l'abbaye de Saint-Maur-les-Fossés celle de Sainte-Maure-sur-Loire, il y mourut peu de temps après, consumé par le chagrin.

Parmi les abbés chasseurs citons entre autres ceux de Saint-Gall qui jouissaient alors d'une réputation de science et de sainteté méritée jusqu'au XIIIe siècle, époque à laquelle abbés et chanoines étaient devenus ignorants et mondains à l'excès.

Ils passaient la journée dans les écuries, à la chasse, dans les banquets, à la guerre, et finirent par ne plus porter aucune marque distinctive de leur état sur leur personne.

Cet état de choses subsista jusqu'au XVe siècle et cessa complètement sous l'administration de l'abbé Ulrich Rosch qui opéra une réforme totale dans l'abbaye.

Le concile d'Augsbourg, en 952, celui de Montpellier, en 1215, celui de Nantes, en 1254, s'élevèrent avec force contre l'usage de la chasse chez les prêtres, par la raison, disent les pères, « qu'aucun saint n'a jamais été chasseur ». Cette raison n'était pas précisément exacte, et, de leur côté, les papes prononcèrent les censures ecclésiastiques contre les membres du clergé qui, par infraction aux règlements et aux canons de l'Église, continueraient à se livrer au plaisir de la chasse.

Mais, pendant toute la durée du moyen âge, ces mesures demeurèrent impuissantes.

Saint Louis fut un grand chasseur ; on sait que ce fut sous son règne que parut le premier ouvrage didactique sur la vénerie, *le Dit de la chasse au cerf.*

Tandis que le roi assiégeait Césarée, il fit la connaissance d'un chevalier noronais qui lui parla en termes pompeux de la chasse aux lions, et il en tira d'utiles enseignements pour la chasse au sanglier.

Mais les chasseurs furent redevables à saint Louis d'une découverte beaucoup plus utile pour eux, au dire de Charles IX.

« Le roi saint Louis étant allé à la conquête de la Terre-Sainte fut fait prisonnier, et comme, entre autres bonnes choses, il aimait le plaisir de la chasse, étant sur le point de sa liberté, ayant su qu'il y avait une race de chiens en Tartarie qui étaient fort excellents pour la chasse du cerf, il fit tant qu'à son retour il en amena une meute en France. Cette race de chiens sont ceux qu'on appelle gris, la rage ne les attaque jamais. »

Saint Louis, on le voit, ne croyait nullement pécher en chassant, et nul parmi les représentants de l'autorité religieuse de son temps ne songea à lui reprocher de s'adonner aux plaisirs de la chasse, bien que généralement interdite à tous les ecclésiastiques (*locis supr.*).

L'Église la défendit dans certains cas aux laïques.

Selon saint François de Sales, il y a trois lois selon lesquelles il faut se gouverner pour ne point offenser Dieu à la chasse.

La première consiste à chasser sans porter dommage au prochain.

La seconde est de ne point employer à la chasse le temps consacré aux fêtes et aux offices du dimanche ;

La troisième, de ne point employer trop de moyens propres à détruire le gibier.

La chasse exercée le dimanche est condamnée d'une façon absolue ; l'évêque d'Orléans, Jonas, s'est élevé vigoureusement contre cet abus.

« C'est l'effet d'une extrême folie que d'abandonner, pour une chasse, la solennité de la messe et tous les différents offices... Ceux qui tiennent cette conduite font bien voir qu'ils prennent beaucoup plus de plaisir à entendre crier les chiens qu'à écouter le chant des psaumes et des hymnes. »

Donc, si les laïques sont répréhensibles, aux yeux de l'Église, de chasser certains jours et dans certaines conditions, à plus forte raison les ecclésiastiques deviennent-ils coupables quand ils s'y livrent.

Et de nos jours encore, dans les pays où domine

le protestantisme, la chasse est formellement interdite le dimanche.

Non seulement en Europe il en est ainsi, mais
dans l'Amérique la même interdiction existe.

Les environs de Plainfield sont réputés, parmi les
chasseurs de New-York, comme un des meilleurs
terrains de chasse de New-Jersey ; les Français
surtout aiment à s'y rendre, et, comme en général
ils sont occupés dans le courant de la semaine, ce
n'est guère que le dimanche qu'ils peuvent aller y
chasser d'ordinaire, bien qu'en principe la chasse
soit interdite le dimanche aux États-Unis.

Toutefois il est des accommodements avec les
constables, et nombre de chasseurs peuvent se livrer sans trop d'inconvénient à leur passe-temps
favori ; mais il ne faut pas s'y fier, il arrive parfois
que les chasseurs voient tout à coup deux citoyens
à figure débonnaire qui commencent par leur demander des nouvelles de leur santé, puis s'ils font
bonne chasse, et qui, finalement, les prient de les
accompagner chez le constable du village qui,
fort courtoisement d'ailleurs, condamne chaque
délinquant à 25 dollars d'amende, plus à 5 dollars
par chaque chasseur, pour avoir transgressé la loi
sur le saint repos du dimanche.

On n'a plus qu'à s'exécuter, et, si l'on possède
quelque éloquence, on obtient parfois une dimi-
nution que le constable fixe comme il l'entend.

L'oisiveté dominicale est considérée comme une marque de respect aux commandements de l'Église.

Ceci n'est pas tout à fait d'accord avec l'opinion de Gaston Phœbus, comte de Foix, un des plus braves chevaliers de son époque et en même temps un chasseur émérite, puisqu'il avoue modestement dans son livre *les Déduicts de la chasse*, qu'il ne connaît « nul maître ».

Et voici comment il se met en désaccord avec le précepte de repos commandé : « En chassant, dit-il, on évite le péché d'oisiveté, car qui fuyt les sept péchés mortels, selon nostre foy, il devroit estre sauvé ; donc, bon veneur sera sauvé. »

Lorsque le roi Jean fut fait prisonnier, ne pouvant chasser, ce qui lui causait un vif déplaisir, il fit composer pour l'instruction de son fils, le jeune duc de Bourgogne, âgé de quatre ans, un traité de chasse en vers qui contenait tous les détails de la fauconnerie et de la vénerie.

Et il se servit, pour exécuter cet ouvrage, de la plume de son premier chapelain, Gace de La Vigne ou de La Bigne, prêtre normand « né gentilhomme et qui comptait quatre quartiers de noblesse ». *Ce Roman des oiseaux* dénote chez le prêtre poète un grand amour de la chasse, et il met en scène la fauconnerie et la vénerie plaidant leur cause en présence du roi Jean.

Chacune des parties prétend au titre de déduit,

c'est-à-dire de plaisir ou de divertissement par excellence. Les moyens sont, de part et d'autre, assez bien débattus; enfin intervient un arrêt définitif qui adjuge aux deux contendantes les mêmes droits : il est arrêté qu'on dira également : déduit de fauconnerie ou d'oiseaux et déduit de vénerie ou de chiens.

Dans son livre, de La Bigne apprend au lecteur que dès l'âge de neuf ans il portait des hobereaux aux champs et qu'à douze ans on lui fit dresser un faucon; aussi conserva-t-il toujours le goût de la chasse à l'oiseau, et lorsqu'il fut ordonné prêtre et que le cardinal du Pray le chargea de gouverner sa chapelle, il continuait à aller chasser une ou deux fois la semaine, « mais toujours après avoir dit sa messe ou son office; et il ne croit nullement avoir mal fait, puisqu'il n'y gagnait rien et qu'il y cherchait seulement une honnête récréation dont les lois ne défendent que l'excès ». Saint Bernard et le docteur Innocent sont appelés en témoignage.

Gace de La Bigne cite différents auteurs qui, comme lui, avaient écrit sur la chasse.

On est tout surpris de trouver dans le nombre Denis, le grand évêque de Senlis, auteur d'un traité de la *Chasse des faucons* dans lequel, entre autres instructions spéciales, il recommande de ne point voler par le grand vent, qui emporte l'oiseau de force.

Puis Philippe de Victri, évêque de Meaux,

grand compositeur de motets ou pièces de vers en musique, qui avait consacré sa muse à célébrer les plaisirs de la chasse, et il est aisé d'en conclure que la passion de la chasse, qui semble à quelques-uns si incompatible avec la gravité du ministère ecclésiastique et propre à le détourner de ses fonctions, avait alors beaucoup d'empire sur les membres du clergé. A ce propos, une note de La Curne de Sainte-Palaye, commentant ce passage de Gace de La Bigne, porte :

« Les ecclésiastiques étoient si jaloux de leur chasse qu'on en a vu exercer les plus grandes cruautés contre ceux de leurs vassaux qui avoient osé chasser sur leurs terres sans permission, ou contre ceux de leurs serviteurs qui avoient détourné quelques effets appartenant à leur équipage de chasse. »

Et il cite à l'appui de sa remarque le fait concernant l'évêque d'Auxerre rapporté plus haut.

De La Bigne a toujours soin, au cours de son livre, de justifier la chasse devant l'Église ; au reste il commence en disant qu'il « se soumet à la correction de l'Église, s'il commet quelque faute » ; et plus loin : « L'Église approuve la chasse, puisque par un décret en droit on donne une portion aux curés du produit de la chasse et que quelques rois en font payer la dîme aux curés ; qu'Isaac envoya son fils Ésaü à la chasse ; que les rois de France ne l'auraient pas aimée comme ils l'ont fait, aussi bien que plusieurs saints canonisés, et renvoie à ce que dit la légende de l'invention des corps de saint Denis et de ses compagnons, en ajoutant que, sans les chasseurs, les bêtes dévoreraient les hommes tout vivants et détruiraient tous les fruits de la campagne. »

Il cite la distinction que fait Albert, des cas où les ecclésiastiques mêmes peuvent chasser et voler sans péché, comme le cas où les revenus des monastères consistent en produits de la chasse; il ne disconvient pas que le plaisir de la chasse, justifié par les dîmes qu'en retirent quelques églises et par l'ardeur avec laquelle les rois de France s'y sont livrés, ne soit légitime et innocent.

Le pape Pie II, dont nous aurons à nous occuper plus loin, est l'auteur d'un traité de vénerie qu'il publia en latin et qu'il signa de ses prénoms : Æneas Silvius.

Un évêque qui se distingua comme auteur d'un livre fort curieux sur la chasse, est Octavien de Saint-Gelais, évêque d'Angoulême, qui publia, en 1491, *la Pipée ou Chasse du dieu d'amour.*

L'auteur représente la mère de l'Amour se promenant dans un bois solitaire qu'elle remplit de ses plaintes et de ses soupirs, et où elle déplore le malheur qu'elle a eu de perdre son cœur; Cupidon vient la consoler, ainsi que tous ses officiers, qui sont : Espoir-de-jouir, grand veneur ; Hardiesse, conseiller ; Déduit-Joyeux, maître d'hôtel. Déduit-Joyeux la mène à la chasse du cerf amoureux et la conduit au château de Plaisance.

Toute la cour s'en va à la recherche du fameux cerf : c'est la reine qui prépare la chasse et forme l'équipage galant des chasseurs. On force l'animal au buisson de Tristesse.

Dans ce livre singulier, les péchés sont représentés par des bêtes fauves, les arcs et les épieux figurent les sacrements et les vertus théologales.

Jean de Franchières, chevalier de Rhodes, commandeur de Choisy et grand prieur d'Aquitaine, fut un écrivain cynégétique de la fin du XVe siècle ; il avait la réputation d'un homme instruit et il a laissé : *la Faulconnerie recueillie des livres des trois maistres, ensemble le déduit des chiens de chasse* (in-4° gothique, imprimé vers 1511 ; il fut réimprimé plus tard à la suite du *Livre de l'art de faulconnerie et des chiens de chasse*, de Tardif[1]).

Nous avons déjà nommé Guillaume Crétin, aussi appelé Chrestin et Crestin, si plaisamment tourné en ridicule par Rabelais, qui le mit en scène sous le nom de Raminagrobis. Ce poète, dont le véritable nom était Dubois, était trésorier chanoine

---

1. Réimprimé dans le *Cabinet de Vénerie* : Paris, Librairie des Bibliophiles, 1882, 2 vol. in-16, 16 francs.

de la Saïnte-Chapelle de Vincennes et chantre de
la Sainte-Chapelle de Paris. Ce personnage, quoiqu'il vécût au milieu du monde religieux, fit une
très vive satire contre les moines. Crétin passait
pour le coryphée des poètes de son temps. Sa muse
est gaie, vive et surtout facétieuse; malheureusement ses plaisanteries sont souvent de mauvais
goût. Celle de ses poésies qui a la chasse pour
objet est intitulée : *Le Débat entre deux Dames sur le
passe-temps des chiens et des oiseaux* [1].

Le cardinal Adrien de Castelleri, appelé Corneto du lieu de sa naissance, a composé sur la
chasse un poème qui vaut bien la peine d'être cité;
il a pour titre *de Venatione* et parut en 1512.

Ce cardinal, très versé dans la connaissance de la
belle latinité, était d'ailleurs un littérateur éminent
et il a laissé plusieurs ouvrages écrits, comme celui
qui nous occupe, dans un style très pur. Il avait
été évêque d'Hereford, puis de Bath et de Wells,
avant que le pape Alexandre VI le créât cardinal.

Le poème qu'il composa sur la chasse est écrit
en vers phaleuces et dédié au cardinal Ascagne.
L'invention en est singulière, mais conforme à
l'esprit du siècle de Léon X : Diane quitte les bois

---

1. Réimprimé dans le *Cabinet de Vénerie* avec la *Chasse
royale* de Salel : Paris, Librairie des Bibliophiles, 1882,
1 vol. in-16, 7 fr. 50.

pour conduire Ascagne à une chasse, ce qui donne lieu à une description fort curieuse des engins employés par les anciens chasseurs.

La déesse atteint un sanglier furieux, Ascagne un cerf ; c'en était fait néanmoins des chiens et des chasseurs, si la poudre à canon apportée par un Sicambre ne les eût tirés d'embarras. Mais bientôt ce nouvel engin destructeur fait tomber une telle quantité de gibier que Diane craint de le voir complètement détruit.

Après la chasse, cette déesse fait servir à Ascagne un grand repas dans un jardin féerique, et au dessert elle lui adresse un beau sermon sur la destruction de l'idolâtrie, sur l'établissement de la religion chrétienne et la pureté de sa morale ; elle l'exhorte en conséquence à s'élever au-dessus des opinions populaires et lui fait espérer qu'un avenir éternellement heureux sera la récompense de sa vertu.

Si le cardinal Corneto comptait pour lui-même sur cet avenir, il fut bien détrompé : car, sous le pontificat de Léon X, il entra dans une conspiration qui fut découverte, et, obligé de fuir, il ne reparut jamais.

Jean Leblond, seigneur de Branville, poète normand du XVIe siècle, surnommé *Espérant mieux*, n'appartenait pas à l'état ecclésiastique, mais il laissa des pièces dans lesquelles il démontre com-

ment à cette époque il était possible d'accommo-
der la chasse et l'Église.

Dans sa description du Temple de Diane, sorte
de galimatias extravagant, il compare les chiens
aux chanoines, leurs aboiements aux chants de
l'Église, aux sons des cloches, aux accords de l'or-
gue, et enfin le fumet du gibier à l'odeur de l'encens et des parfums; et ce qu'il y a de plus singulier dans tout ceci, c'est que de telles licences ne
blessaient personne et qu'on trouvait ces compa-
raisons toutes naturelles.

Le goût de la chasse était si général et si ré-
pandu alors, que les livres, même ceux de dévotion, étaient remplis de termes, d'images et de mé-
taphores empruntés de cet exercice.

On trouve dans la *Bibliothèque de l'abbé Goujet*
l'analyse d'un ouvrage d'un certain Guillaume de
Tours, et on lit ceci :

« Je commence par *la Forêt de conscience, contenant la chasse des princes spirituels,* imprimée en
1516. L'idée de ce livre est singulière. Sous l'emblème d'une chasse, l'auteur veut apprendre à
poursuivre les péchés qui sont les bêtes les plus
dangereuses qui puissent ravager la forêt de conscience, c'est-à-dire l'âme chrétienne. Pour exciter
les âmes chrétiennes à cette chasse, il entre dans le
détail des péchés les plus connus...

« Et il exhorte (pour les vaincre) à se munir de

toutes les armes qui sont nécessaires pour faire une chasse heureuse. La crainte de Dieu, son amour, la confession, la pénitence, la satisfaction, la retraite, la fuite des occasions : voilà les cors, les chiens, les armes que son chasseur spirituel doit employer et les gardes qui veillent sur la forêt. On voit que tout cela ouvre un vaste champ à la morale. Quand l'auteur se sent fatigué de parler en vers, il a recours à la prose, qui est également dans le style figuré. »

Pierre de Quiqueran de Beaujeu, né en 1536, évêque de Senez à l'âge de dix-huit ans, fut l'auteur d'un livre sur la Provence dans lequel il fait l'éloge de la chasse, et surtout du chien. Il y énumère les diverses variétés de la race canine et les décrit en chasseur consommé qu'il était.

Claude Gauchet, né à Dampmartin en Champagne, qui vivait au XVIe siècle, devint aumônier ordinaire du roi Charles IX et obtint le prieuré de Beaujour près de Villiers-sur-Marne.

Là, menant joyeuse vie, il goûtait les plaisirs de la chasse et de la table avec ses amis, au nombre desquels étaient Ronsard, Louis d'Orléans, Desportes, Baïf, Dorat, etc.

L'aimable prieur a composé un poème descriptif intitulé : *Plaisirs des champs, divisé en quatre livres, selon les quatre saisons de l'année* (Paris, 1583, in-4°). La versification en est généralement plate

et prosaïque ; toutefois la partie relative à la chasse
est intéressante et agréable. Le poème contient
plusieurs passages licencieux et d'une grande liberté
de plume, selon le goût du temps ; ils ont été
retranchés dans une seconde édition publiée en
1604 et augmentée du *Devis entre le Chasseur et le
Citadin, avec l'instruction de la vénerie, volerie et
pescherie.*

Messire Jehan du Bec, abbé de Mortemer, est
l'auteur d'un petit volume in-8° devenu rare, daté de
1593 et ayant pour titre : *Discours de l'antagonie
du chien et du lièvre, ruses et propriétés d'iceux, etc.* [1].

François Fortin, religieux de Grammont, est l'auteur des *Ruses innocentes* « dans lesquelles se voit
comment on prend les oiseaux passagers et les non
passagers, et de plusieurs sortes de bêtes à quatre
pieds, avec les plus beaux secrets de la pêche dans
les rivières et dans les étangs, et un traité très utile
pour la chasse et la manière de faire tous les rets et
les filets qu'on peut s'imaginer. Par F. F. R. D. G.,
dit le Solitaire inventif. — Paris, de Sercy, 1688.
In-fol. avec nombreuses figures en bois. »

---

1. Réimprimé dans le *Cabinet de Vénerie* : Paris, Librairie
des Bibliophiles, 1880, 1 vol. in-16, 6 francs.

CHAPITRE IV

ARMI les nombreuses ordonnances ren-
dues sur le fait de la chasse par
Charles V, on peut en citer deux
concernant les prêtres.

L'une, de 1369, contient la défense expresse
aux ecclésiastiques non seulement de chasser, mais
aussi de se servir de l'arc et de l'arbalète.

La seconde, de l'année suivante, abolit le droit
que les veneurs avaient, ou plutôt s'arrogeaient,
de loger dans les monastères tous leurs équipages
aux frais des moines.

Bien que le roi Robert eût tout fait pour empêcher cet abus, il s'était perpétué, et les veneurs
royaux avaient fini par obliger les moines à les recevoir pendant trois jours et à les nourrir eux, leur
suite, leurs chiens, leurs chevaux, etc.

Il était, en effet, fort difficile de défendre aux
religieux d'avoir des chiens de chasse dans leurs
couvents, et de les obliger à recevoir et à héberger
ceux des veneurs.

Et non seulement Charles V abolit cet abus par une ordonnance, mais il tint la main à son exécution et prêcha d'exemple ; le monarque, ayant lui-même logé avec ses veneurs, en 1365, dans l'abbaye de Livry, accorda aux moines, pour les dédommager des dépenses qu'il leur avait causées, le droit de faire paître trente porcs dans la forêt.

Il paraît qu'en Champagne la coutume permettait aux abbés de chasser, car nous voyons dans les *Recherches historiques* de l'abbé Boitel que, le 5 août 1371, l'abbé de Nesle-la-Reposte obtint de la maîtrise royale des eaux et forêts de Champagne la permission de chasser avant le lever et après le coucher du soleil dans les bois de Sainte-Croix, la Chalmelle, Montgenost et Bethon.

M. le vicomte de Poli, dans son *Histoire des seigneurs et du château de Bethon,* rapportant cette autorisation, ajoute : « Cette permission ne visait sans doute que les parties desdits bois qui étaient du domaine royal, à moins cependant que, pour un motif quelconque, ils ne fussent dans la main du Roi. »

C'est surtout sous le règne de Charles VI que les ordonnances sur la chasse sont nombreuses. Celle du 10 janvier 1396 défend aux nobles qui n'auraient pas reçu de privilège pour la chasse ou qui n'auraient point obtenu de permission de personnes qui fussent en droit de la leur donner, de chasser, mais elle laisse le droit de chasse à ceux des gens d'église à qui ce droit pouvait appartenir par lignage ou par quelque autre titre.

Charles VI aimait d'ailleurs beaucoup la chasse, et nous lisons dans Juvénal des Ursins que ce fut par suite de cette passion qu'il fonda une sorte d'ordre mi-chevaleresque, mi-religieux, connu sous le nom de Notre-Dame d'Espérance.

Voici le récit de Juvénal des Ursins :

« On raconte que le roy Charles VI, pendant son séjour à Toulouse, étant allé chasser dans la forêt de Bouconne avec plusieurs seigneurs de la Cour, fut surpris de la nuit qui étoit très obscure et qu'il s'égara. On ajoute que, s'enfonçant de plus en plus dans le bois sans pouvoir reconnoître l'endroit où il étoit, il fit un vœu, s'il pouvoit échapper du péril où il se trouvoit, d'offrir le prix de son cheval à la chapelle de Notre-Dame de Bonne-Espérance, dans l'église des Carmes ; qu'aussitôt, la nuit s'étant éclaircie, il sortit heureusement du bois ; que le lendemain il s'acquitta de son vœu et qu'il fonda en conséquence un ordre de chevalerie sous le nom de Notre-Dame d'Espérance.

« On cite en preuve une ancienne peinture qu'on voit sur la muraille du cloître des Carmes de Toulouse, auprès de la chapelle Notre-Dame d'Espérance, où un roi de France est représenté à cheval s'inclinant devant une image de la Vierge ; des seigneurs y sont peints aussi au nombre de sept qui marchent à pied après le roi tous armés, hormis la teste ; ils portent des cottes d'armes avec les armoiries chacun de leur maison ; leurs noms sont écrits au bas en caractères de ce siècle-là, mais on n'en peut lire que cinq, qui sont : le duc de Touraine, le duc de Bourbon, Pierre de Navarre, Henri de Bar et Olivier de Clisson ; les deux autres ont été effacés par le temps. Tous ces personnages sont peints de grandeur naturelle.

« Le fond de cette peinture est chargé de loups, de sangliers et d'autres bêtes sauvages qui habitent les forêts. Au plus haut, il y a une manière de frise où sont peints des anges qui portent en leurs mains des banderolles sur lesquelles il est écrit trois fois le nom Espérance. » (*Dom Vaissette.*)

Aucun ouvrage traitant des ordres de chevalerie n'ayant fait mention de cette fondation, il est bien certain que ce fut une association religieuse composée de chasseurs de haut rang, tout comme celle du Lévrier, fondée par le comte de Sancerre, sous Charles VII, et qu'on a confondue avec l'ordre de Saint-Hubert de Lorraine, qui porta aussi le nom d'ordre du Lévrier ou de la Fidélité.

Les annotations de Godefroy sur l'*Histoire de Charles VII* montrent bien que l'une des clauses du testament du comte se rattache à la création d'un ordre, mais il est certain qu'il resta à l'état de projet.

Les abbés de Saint-Hubert de Lorraine chassaient avec l'aide de chiens noirs dont la race était particulière au Hainaut, à la Flandre, à la Lorraine et à la Bourgogne. Toutefois, Le Grand prétend qu'ils étaient un peu lourds, « ce qui les rendait peu propres à la chasse des animaux légers. Cependant ils formaient d'excellents limiers, surtout pour la bête noire. »

Mais venons à ce fameux ordre chapitral de Saint-Hubert du Barrois qui offre un grand intérêt, car c'est le seul qui ait reçu des privilèges de chasse et qui contienne dans ses statuts une disposition qui n'en permet l'entrée qu'aux nobles et *aux personnes de l'état ecclésiastique.*

Donc, en 1416, sous le gouvernement du cardinal Louis de Lorraine, duc de Bar, plusieurs gentilshommes fondèrent une association entièrement consacrée à la paix, et dont les devoirs consistaient en un échange mutuel d'affection, de services et de protection.

Ces gentilshommes étaient au nombre de quarante-six, et voici leurs noms : Thiébaut de Blamont ; Philibert, seigneur de Beffroymont, sire de Ruppes ; Richard des Hermoises ; Regnaut du Chastelet et son fils Erart du Chastelet ; Mansard d'Esne ; Jehan, seigneur d'Orne ; Gobert d'Aspremont ; Joffroy d'Orne ; Jacques d'Orne ; Eustache de Conflans ; Philippe de Nouveroy ; Olry de Landre ; Jean de Laire ; Jean de Seroncourt ; Colard d'Ottenges ; Jean de Beffroymont, seigneur de Fontois ; Jean de Malbeth ; Joffroi de Bassompierre, *chevaliers* ; Jean, seigneur de Rodemach ; Robert de Sarrebruck, seigneur de Commercy ; Édouard de Grandpré ; Henri de Breux ; Wary de Lavaulx ; Joffroy d'Aspremont ; Jean des Hermoises ; Robert des Hermoises ; Simon des Hermoises ; Franque de Houze ; Olry de Boulanges ; Henri d'Epinal ; François de Sorbey ; Jean de Saint-Loup ; Hugues de Mandres ; Huart de Mandres ; Philibert de Doncourt ; Jean de Sampigny ; Alardin de Mouzay ; Hanse de Nivelein-le-Grand ; Richard d'Aspremont ; Colin de Sampigny ; Thiéry d'Antel ; Thomas d'Ottanges ; Jacquemin de Nicey et Jacquemin de Villers, *écuyers*.

La durée de cette association fut fixée à cinq années, et le pacte social fut approuvé, signé et scellé par le cardinal duc de Bar, le 31 mai 1416.

Elle s'appela l'Ordre de la Fidélité ; les membres portaient pour insigne un lévrier blanc colleté d'or, sur lequel était gravée la devise : *Tout ung* ; ce fut probablement en raison de cet insigne qu'on désigna aussi l'association sous le nom d'Ordre du Lévrier.

Le chef de la compagnie prenait le titre de roi.

A l'expiration des cinq années, elle avait rendu de si grands services dans la contrée qu'au chapitre tenu à Bar le 23 avril 1422, treize des gentilshommes qui avaient pris part à sa création, en 1416, s'engagèrent, tant pour eux que pour leurs associés non présents, à continuer à observer les statuts primitifs.

Les seuls changements qu'ils y apportèrent furent de placer l'ordre sous le patronage de saint Hubert et de remplacer le lévrier, qui se portait suspendu à un collier, par « une image d'or dudit saint pendante sur la poitrine et une pareille image brodée sur les habillements ».

La réunion annuelle, qui se tenait habituellement à la Saint-Martin, fut fixée à la Saint-Hubert.

En 1597, l'ordre existait toujours, mais aucune des familles de ceux qui l'avaient fondé ne s'y trouvait plus représentée.

A cette époque, de nouveaux statuts furent arrêtés, et on remarque cette disposition que les membres de l'ordre étaient en possession du droit de se livrer à la chasse au lévrier la veille et le jour de la fête de saint Hubert. Et non seulement ils étaient tenus de nourrir chacun au moins un lévrier, mais ils avaient la faculté d'en élever autant qu'ils le voulaient.

Toutefois, ce droit de chasse semblait résulter

plutôt d'un usage que d'un privilège régulier : il donna lieu à quelques récriminations ; et le jour de la Saint-Hubert, en 1605, les chevaliers de l'ordre prièrent le duc de Lorraine, Charles III, de leur confirmer spécialement le privilège en question ; le lendemain, 4 novembre, un décret du prince autorisait les chevaliers de l'ordre à chasser aux lévriers la veille et le jour de la fête de saint Hubert, à charge de respecter les lieux réservés pour son plaisir.

En 1623, tous les privilèges de chasse ayant été révoqués par un édit général, les chevaliers de Saint-Hubert protestèrent au bailliage de Bar contre cette ordonnance, et une sentence du 24 février maintint l'ordre dans la jouissance de son droit.

MM. de Beauvau et de Martigny, grands veneurs de Lorraine et de Barrois, accordèrent à l'ordre la permission de chasser (3 novembre 1704, 28 octobre 1705), et enfin le duc Léopold signa, le 12 juin 1718, un décret confirmatif de celui de Charles III.

Aux termes de l'article 25 des statuts de 1714, il ne pouvait être admis dans l'ordre que des personnes de condition noble *ou de l'état ecclésiastique*. Il fallait professer la religion catholique, apostolique et romaine, et les chevaliers étaient obligés, si le besoin l'exigeait, de prendre les armes pour la défense de la religion.

Donc, les chevaliers n'ayant cessé de réclamer le droit de chasse, et les chevaliers ne pouvant appartenir qu'à la noblesse ou au clergé, il s'ensuit bien que l'Église n'était pas hostile à l'exercice de la chasse par ses prêtres.

Lors de l'édit de Meudon (18 janvier 1737), qui, à l'avènement de Stanislas dans les duchés de Lorraine et de Bar, confirmait les droits et privilèges de ces États, les chevaliers de Saint-Hubert continuèrent à chasser dans la banlieue de la ville de Bar jusqu'en 1754; mais à cette époque un garde-chasse ayant rencontré quelques-uns d'entre eux chassant dans la forêt de Massonge, leur fit un procès-verbal et ils furent assignés pour être condamnés à l'amende. Or, encore une fois, le roi de Pologne intervint en leur faveur, et son grand veneur, M. de Lignéville, accorda derechef, par lettre du 23 octobre 1754, le droit de chasser à tous les membres de l'ordre de Saint-Hubert.

Toutefois, vers 1781, il n'y avait presque plus de chasseurs dans l'ordre, et on voit figurer à leur place des chevaliers d'honneur; lorsque arriva en France la révolution de 1789, l'ordre était à peu près éteint. Cependant, en 1817, quelques chevaliers, derniers débris de l'institution, se réunirent et obtinrent du roi Louis XVIII une restauration de *l'ordre de Saint-Hubert*. M. le duc d'Aumont, premier gentilhomme du roi, fut nommé grand maître et, en cette qualité, il élabora un projet de réorganisation que le temps avait rendu nécessaire; mais l'ordre n'eut qu'une existence éphémère, et en 1824 le roi révoqua l'autorisation qu'il avait donnée.

Le dernier chevalier de cet ordre, M. de Marne, est mort à Bar-le-Duc en 1853.

La marque distinctive de l'ordre consistait en une croix pattée, émaillée de blanc, bordée d'or; au centre, d'un côté, un médaillon de sinople entouré d'un cor de chasse d'or, et représentant saint Hubert prosterné devant un christ fiché entre les bois d'un cerf; et de, l'autre, les armes du duché de Bar, avec cette inscription : *Ordo nobilis S. Huberti Barrensis.* Le ruban était vert, liséré de rouge.

Il faut bien se garder de confondre cet ordre avec un ordre du même nom créé en 1444 par le duc de Juliers; plusieurs historiens et même des écrivains cynégétiques ont fait cette confusion : cet ordre de Saint-Hubert fut fondé en commémoration de la victoire gagnée sur le duc de Gueldre, et il se confère encore de nos jours en Bavière.

Les chevaliers portent aussi une croix à l'effigie de saint Hubert, patron des chasseurs; mais là s'arrête toute solidarité entre les deux institutions, parfaitement distinctes.

Puisque nous en sommes aux ordres, jetons en passant un coup d'œil aux ordres religieux et mi-

Itaires. La chasse était-elle permise aux chevaliers de Saint-Jean de Jérusalem, aux chevaliers du Temple, etc.?

Oui et non : les premiers chevaliers qui se consacrèrent au service des malades dans la maison hospitalière de Jérusalem étaient gentilshommes et chasseurs ; mais, lorsque Girard proposa aux hospitaliers de prendre l'habit régulier et de s'engager à Dieu par serment, ils renoncèrent naturellement au monde et la chasse leur fut interdite ; toutefois, en 1118, ayant repris les armes pour la défense des saints lieux, ils devinrent membres d'un ordre religieux et militaire et formèrent trois classes : les chevaliers, les ecclésiastiques et les servants d'armes ; il est certain que, si la chasse fut permise aux chevaliers, les religieux et les servants durent s'en abstenir.

Et lorsqu'ils vinrent se fixer dans l'île de Rhodes, qu'ils avaient conquise en 1310, les chevaliers militaires purent avoir le droit de chasser tout à leur aise. Cependant il est permis d'en douter après avoir lu plusieurs passages de l'histoire de l'ordre par l'abbé de Vertot.

L'île de Rhodes était visitée par quelques crocodiles, et plusieurs habitants avaient été victimes de ces hôtes incommodes ; aussi les chevaliers avaient un vif désir de se livrer à la chasse de ces amphibies, mais ils ne purent en obtenir l'autorisation, et le grand maître défendit à tous les chevaliers, sous peine de privation de l'habit, de s'attacher à leur faire la chasse.

Il fallut bien obéir; cependant plusieurs chevaliers, et des plus braves du couvent, sortirent séparément, à l'insu les uns des autres, et se dirigèrent vers un marais qui existait au pied du mont Saint-Étienne, à deux milles de Rhodes; mais on n'en vit revenir aucun.

Or, quoiqu'il s'agît d'une chasse nécessaire au repos de tous, le grand maître Helion de Villeneuve eut vent de ce qui se passait, et une nouvelle défense, rédigée en termes formels, interdit toute chasse.

Les chevaliers s'inclinèrent, à l'exception d'un seul, chevalier de la langue de Provence, appelé Dieudonné de Gozon, qui forma le dessein de détruire un crocodile qui avait souvent terrifié par sa présence les habitants de l'île. Mais laissons la parole à Vertot :

« On attribua cette résolution au courage déterminé de ce chevalier. D'autres prétendent qu'il y fut engagé par les railleries piquantes qu'on fit de son courage dans Rhodes, et sur ce qu'étant sorti plusieurs fois de la ville pour combattre le serpent, il s'était contenté de le reconnaître de loin et que dans ce péril il avait fait plus d'usage de sa prudence que de sa valeur. »

« Quoi qu'il en soit, il demanda un congé et se retira au château de Gozon, en Languedoc, et ce fut là qu'il combina son plan.

« Ayant reconnu que le serpent qu'il voulait attaquer n'avait pas d'écailles sous le ventre, il fit faire en bois ou en carton une figure de cette bête énorme, et il tâcha surtout qu'on en imitât la couleur. Il dressa ensuite deux jeunes dogues à accourir à ses cris et à se jeter sous le ventre de cette affreuse bête pendant que, monté à cheval, couvert de ses armes et la lance à la main, il feignait, de son côté, de lui porter des coups en différents endroits.

« Ce chevalier employa plusieurs mois à faire tous les jours cet exercice, et il ne vit pas plus tôt ses dogues dressés à ce genre de combat qu'il retourna à Rhodes. A peine fut-il arrivé dans l'île que, sans communiquer son dessein à qui que ce soit, il fit porter secrètement ses armes proche d'une église située au haut de la montagne de Saint-Étienne, où il se rendit accompagné seulement de deux domestiques qu'il avait amenés de France.

« Il entra dans l'église et, après s'être recommandé à Dieu, il prit ses armes, monta à cheval et ordonna à ses deux domestiques, s'il périssait dans ce combat, de s'en retourner en France ; mais de se rendre auprès de lui s'ils apercevaient qu'il eût tué le serpent ou qu'il eût été blessé.

« Il descendit ensuite de la montagne avec ses deux chiens et marcha droit au marais et au repaire du serpent, qui, au bruit qu'il faisait, accourut la gueule ouverte et les yeux étincelants pour le dévorer. Gozon lui porta un coup de lance que l'épaisseur et la dureté des écailles rendit inutile. Il se préparait à redoubler ses coups; mais son cheval, épouvanté des sifflements et de l'odeur du serpent, refuse d'avancer, recule, se jette à côté, et il aurait été cause de la mort de son maître, si Gozon, sans s'étonner, ne se fût jeté à bas. Mettant aussitôt l'épée à la main, accompagné de ses deux fidèles dogues, il joint cette horrible bête et lui porte plusieurs coups en différents endroits, mais que la dureté des écailles l'empêcha d'entamer.

« Le furieux animal d'un coup de queue le jeta même à terre, et il aurait été infailliblement dévoré si les deux chiens, suivant qu'ils avaient été dressés, ne se fussent attachés au ventre du serpent qu'ils déchirèrent par de cruelles morsures, sans que, malgré tous ses efforts, il pût leur faire lâcher prise.

« Le chevalier, à la faveur de ce secours, se relève et, se joignant à ses deux dogues, enfonce son épée jusqu'aux gardes dans un endroit qui n'était point défendu par des écailles, et il y fit une large plaie d'où il sortait des flots de sang.

« Le monstre, blessé à mort, tombe sur le chevalier qu'il abat une seconde fois, et il l'aurait étouffé par le poids et la masse énorme de son corps, si les deux domestiques, spectateurs de ce combat, voyant le serpent mort, n'étaient accourus au secours de leur maître. Ils le trouvèrent évanoui et le crurent mort.

« Après l'avoir retiré de dessous le serpent, avec beaucoup de peine, pour lui donner lieu de respirer, s'il était encore en vie, ils lui ôtèrent son casque, et, après qu'on lui eut jeté de l'eau sur le visage, il ouvrit enfin les yeux. »

Bientôt les habitants de l'île se portèrent à la rencontre de l'heureux chasseur pour le féliciter, et les chevaliers le conduisirent en triomphe au palais du grand maître Hélion de Villeneuve ; mais celui-ci, sévère observateur de la discipline, sans se laisser fléchir par les prières des chevaliers, envoya Gozon en prison, convoqua le conseil de l'ordre, et le chevalier, reconnu coupable de désobéissance, fut condamné à être dépouillé de l'habit de l'ordre ; ce ne fut qu'après de pressantes sollicitations que le grand maître consentit à le gracier quelque temps après.

Une autre chasse au serpent est attribuée au bienheureux *sanctus Beatus* ou saint Bienheuré, heureux de nom et de fait, comme le dit naïvement ment son biographe. Noble et riche, il avait donné aux pauvres tout ce qu'il possédait, et, décidé à se faire cénobite, il se dirigea vers Nantes, mais là des bateliers lui parlèrent de Vendôme. « Près de cette ville, lui dirent-ils, il existe une caverne creusée dans les flancs d'une montagne couverte d'épaisses broussailles; le Loir baigne au nord le pied de la côte escarpée que les rayons du soleil n'échauffent jamais, et personne n'ose s'en approcher, car un serpent monstrueux y fait sa demeure. »

Saint Bienheuré se résolut aussitôt d'aller délivrer le pays de ce serpent; il s'embusqua à l'entrée de la grotte et d'un coup de son bâton de pèlerin il écrasa la tête du serpent qui l'habitait, au moment où le monstre sortait de son repaire.

Mais revenons au grand maître de l'ordre de Rhodes qui avait eu raison de faire respecter la discipline, car bientôt des membres de l'ordre, pourvus de riches commanderies, s'abandonnèrent à la vie oisive, « et, au lieu de novices et de simples chevaliers que chaque commandeur était tenu d'entretenir dans sa maison, on n'y voyait qu'une foule de valets et des équipages de chasse ».

Des plaintes furent adressées à ce sujet au Saint-Siège, et le pape mit en demeure le grand maître de rétablir, dans toute sa rigueur, l'ancienne discipline et une réforme devenue nécessaire dans les mœurs des membres de l'ordre.

« Ceux qui en ont l'administration, lit-on dans

la lettre papale, montent, dit-on, de beaux chevaux, font bonne chère, sont superbement vêtus, se servent de vaisselle d'or et d'argent et nourrissent un grand nombre de chiens et d'oiseaux pour la chasse. »

Tout ceci démontre péremptoirement que le pape n'entendait pas que même les commandeurs de l'ordre s'adonnassent au plaisir de la chasse, car sa lettre les menace, s'ils ne réforment ces habitudes de dissipation, de fonder un autre ordre qu'il doterait avec une partie des biens de l'ordre de Saint-Jean de Jérusalem.

Mais, chose assez singulière, alors que le pape blâmait les chevaliers de Rhodes d'élever des oiseaux pour la chasse, c'est-à-dire des oiseaux de proie, nous voyons dans la même *Histoire de l'Ordre*, qu'en 1719 le chevalier Fraguier, premier enseigne de la compagnie des gardes du grand maître, apporta au roi de France des oiseaux de proie, « présents que les grands maîtres ont coutume de faire au roi de France ».

Et enfin, dernière preuve en faveur du droit qu'avait l'ordre de chasser au XVIIe siècle, c'est qu'en 1622 le grand maître de Vignacour, étant à la chasse et poursuivant un lièvre dans la plus grande chaleur du mois d'août, fut frappé d'une attaque d'apoplexie. On le porta à la cité nouvelle, où il nomma pour son lieutenant, frère Nicolas La Merra, grand amiral de l'ordre, et mourut le 14 septembre suivant « après avoir reçu avec beaucoup de dévotion les sacrements de l'Église ».

Les moines de l'abbaye de Saint-Hubert (ordre de saint Benoît, diocèse de Liège) étaient aussi tenus de faire hommage chaque année, au roi de France, de quelques gélinottes, de deux couples de chiens et de deux oiseaux de proie.

Cette maison recevait en retour une offrande de 3oo livres pour son église et une sauvegarde spéciale pour les biens qu'elle possédait près de notre frontière du nord-est, où seize villages lui appartenaient.

Cet usage s'est conservé jusqu'en 1789.

Dans sa séance de février 1879, M. de Boislisle, membre du comité des travaux historiques du ministère de l'instruction publique, a fait un rapport au comité sur les copies de vingt-cinq lettres signées par Henri IV, Louis XIII, Louis XIV et Louis XV, ou par leurs premiers ministres, adressées à l'abbé de Saint-Hubert pour le remercier de ses différents envois. Ces lettres sont datées de 1609 et 1733, et les originaux sont déposés aux archives grand-ducales de Luxembourg.

« Les envois d'oiseaux de chasse, dit le rapporteur, étaient d'usage de la part des puissances dont le territoire avait un renom pour la production et l'élevage des faucons. C'est ainsi que, chaque année, la cour de France en recevait un certain nombre du grand maître de l'ordre de Malte et du roi de Danemark, et les gazettes ou les journaux, tenus par les courtisans, ne manquaient pas d'enregistrer l'arrivée de ces présents. De la part de l'abbaye de Saint-Hubert, cette espèce de tribut est suffisamment justifiée par son voisinage immédiat avec la France, par le nom du saint sous l'invocation duquel elle était placée et par sa situation au milieu d'un pays des plus giboyeux. »

On sait que Louis XI aimait tellement la chasse que lorsque la maladie le cloua dans l'immobilité, au château de Plessis-lez-Tours, comme il ne pouvait plus se livrer à son divertissement favori, on attrapait les plus gros rats qu'on pouvait se procurer et on les faisait chasser par des chats dans ses appartements pour l'amuser.

Naturellement, le roi chasseur faisait les honneurs de ses forêts à ses hôtes.

Monstrelet rapporte qu'en 1480 le cardinal de Saint-Pierre, légat du pape, étant venu en France, Olivier le Daim, qui était devenu ministre de Louis XI après avoir été son barbier, donna au prélat un dîner magnifique, à la suite duquel il le mena au bois de Vincennes « esbattre et chasser aux daims ».

Ces animaux étaient alors nourris avec du foin. Il y avait, à cette époque, à Bry-sur-Marne un pré de dix arpents et demi qui servait uniquement à cet usage.

Louis XI alliait les pratiques superstitieuses à tous ses plaisirs ; les seigneurs et les courtisans, toujours empressés de se modeler sur le maître, firent de même ; aussi vit-on, sous ce règne, l'Église et la chasse en parfait accord.

Un gentilhomme du nom de Toulbodou, du pays de Locmalo en Bretagne, chassait un jour de l'année 1489, dans la vallée de l'Ellé près du Faouët, lorsque éclata un orage épouvantable. La pluie tombait à torrents, la foudre, qui tonnait à coups précipités, brisait d'énormes blocs de rocher, et l'un de ces blocs allait broyer dans sa chute l'infortuné chasseur, lorsqu'il fit vœu à sainte Barbe de lui élever une chapelle à l'endroit même où il se trouvait si, par son intercession, il était préservé de la mort.

Le rocher s'arrêta court à la place qu'il conserve encore à mi-côte.

Dès le lendemain, les maçons travaillaient à l'accomplissement du vœu et, de nos jours, il n'est pas un chasseur qui, se trouvant dans les environs du Faouët, sur la route de Pontivy à Quimper, ne se rende à la chapelle de Sainte-Barbe pour y implorer le saint favorable aux chasseurs.

Parmi les *lettres de Louis XII*, on en trouve une de Jean Caulier, datée d'Amboise, à Marguerite d'Autriche pour lui faire part de la réception qui avait été faite en France à son ambassadeur, en 1510.

« Cet évêque (de Gurce), dit-il, fut mené à son logis, où il ne fut demi heure, que le roy ne l'envoyoit querir pour aller à la chace, où il fut environ une heure, et n'y eut prinse que d'un lièvre que print un léopard... »

Et il ajoute un peu plus loin :

« Et à l'apres souper, entre quatre et cinq, le dit sieur de Gurce et nous alasmes avec le roy chasser au parcq où il fut tué un sanglier et prins par un léopard deux chevreux en notre présence et tout auprès de nous; ce faict, ledict roy issoit hors dudit parcq et fit monstrer son écurie. »

On sait l'amour de Henri II pour les chiens de Lyon; non seulement il en portait plusieurs dans une corbeille suspendue à son cou, mais il entrait à l'église avec ses chiens pour y entendre prêcher.

Il est vrai que, par contre, jamais Henri IV n'assistait au lancer d'un cerf sans ôter son chapeau et sans faire un signe de croix, ensuite il piquait son cheval et suivait le cerf.

Henri IV, qui avait été élevé dans les montagnes des Pyrénées, était passionné pour la chasse et, naturellement, chacun flattait le goût du souverain.

Déjà, par les statuts synodaux du cardinal de Tournon de 1566, il avait été défendu aux ecclésiastiques de s'exercer à tirer de l'arc ou de l'arbalète, mais plusieurs ne craignirent pas d'enfreindre cette défense qui fut si souvent éludée pendant le règne du Béarnais et sous celui de Louis XIII ; aussi, par les canons synodaux du diocèse de Clermont de 1653, nous la voyons encore reparaître, et cette fois elle comprend le tir à l'arquebuse.

« Louis XIII, dit Legrand d'Aussy, mit dans la chasse du loup une chaleur capable de faire croire qu'il avoit résolu d'exterminer dans son royaume ces animaux. »

Ce fut pour le seconder dans ce louable projet qu'un curé du Maine, nommé Gruau, fit un ouvrage qu'il lui dédia et dans lequel il proposait une nouvelle invention pour détruire les loups en France ; mais on négligea le projet de Gruau. La chasse dont il s'agit fut même abandonnée à la mort du prince.

Ajoutons en passant que, si la chasse au loup fut délaissée, les religieux n'abandonnèrent nullement leur part des loups qui étaient tués par quiconque débarrassait la contrée de ces hôtes incommodes.

Ainsi, dans le Jura, le premier loup tué à Saint-Oyant était apporté au cloître, contre deux pots de vin et deux miches de pain.

Le dernier novice coupait la queue à l'animal et elle était remise au sacristain de Saint-Pierre pour le nettoyage des saints et des sièges de l'église.

On chassait beaucoup dans le Jura et dans tous les villages confinant les forêts domaniales des ducs de Bourgogne; quand les meutes des seigneurs chassaient, les habitants leur devaient la soupe.

Lorsque le sire de Montaigu se rendait à Perrigny, qui était de sa mouvance, c'était le curé du lieu qui devait le défrayer, lui, son cheval, son chien et son oiseau.

L'abbé de Pontigny, Hugues de Mâcon, faisait chasser dans les forêts d'Auxerre et rapporter son gibier en ville avec grande fanfare de cors de manière à ce que nul n'en ignorât; ce n'était nullement par bravade, mais au contraire pour affirmer son droit de chasse en qualité d'abbé, droit qui lui avait été légalement concédé, tout comme Redon, l'archevêque de Meaux, avait reçu en 1161 du comte Henri de Champagne l'autorisation de chasser dans la forêt de Mont.

Tout comme en 1241 l'évêque de Noyon, Vermont, avait consenti un accord avec les moines d'Ourscamp pour le droit de chasse dans les bois de Parvillers.

Nombre d'évêchés et de communautés religieuses furent dès les XIIe et XIIIe siècles régulièrement nantis des droits de chasse; les prélats et les chefs d'ordre devaient les exercer intacts, et, lorsqu'ils ne les exerçaient pas en personne, ils les déléguaient et ne manquaient jamais de les faire reconnaître quand l'occasion s'en présentait et, au besoin, confirmer et renouveler.

Une charte de Philippe-Auguste, de 1207, confirma à l'église Saint-Germain-des-Prés l'abandon que lui avait fait Charles de ses droits de chasse à courre, à tir et à la haie.

Si les moines de Saint-Martin de Pontoise, enfreignant les défenses canoniques, chassaient à cor et à cri avec chiens dans les forêts voisines, c'est que des lettres patentes du roi Philippe le Hardi les y avaient autorisés.

L'abbé du Bec-Hellouin, dans le Roumois, faisait chasser par procuration le renard et le chat sauvage. Quant à l'évêque de Vaison, sa chasse n'avait rien de répréhensible devant les canons de l'Église, car il se contentait de faire prendre les lapins dans la montagne où était situé son château.

C'est aussi les lapins que chassaient les moines de Redon, mais ceux de Quimperlé leur disputaient le droit exclusif qu'ils prétendaient en avoir, et plusieurs fois on les vit se combattre à grand renfort d'excommunications et même à main armée, à propos du droit de chasse, dans une petite île qui produisait annuellement douze cents lapins, dont, au dire du baron de Noirmont, on jetait les peaux et dont la chair se vendait un denier.

Pas chers les lapins à cette époque!

Nous venons de citer le baron de Noirmont; c'est lui qui nous apprend qu'en 1298, Nicolas d'Auteuil, évêque d'Évreux, procura à l'abbesse de Saint-Sauveur, Alix des Mergiers, le divertissement de la chasse au cerf dont il avait la dîme.

Par un beau jour d'été, l'abbesse se rendit en sa maison d'Asnières accompagnée de la prieure et de plusieurs religieuses. Guillaume d'Ivry, veneur du roi, lança un cerf, qui fut chassé à cor et à cri. L'animal, sur ses fins, vint prendre l'eau près Saint-Germain-lez-Évreux, où les religieuses eurent le plaisir de voir l'hallali. La nappe du cerf, levée par Thomas de Saint-Pierre, fut portée à l'abbaye de Saint-Sauveur au bruit des tambours, des cors et autres instruments, et le reste du jour se passa en réjouissances dans le monastère.

CHAPITRE V

SI, malgré les conciles et les synodes qui interdisent la chasse aux ecclésiastiques, les anciens chroniqueurs racontent que plusieurs nobles prélats, cédant aux préjugés du temps, se crurent encore permis de faire la guerre aux hôtes des bois et des forêts, c'est que l'histoire nous apprend que plusieurs papes, et des plus illustres, furent aussi de grands amateurs des plaisirs cynégétiques.

Au XIIIe siècle ils avaient des équipages de chasse, et saint Thomas Becket, archevêque de Cantorbéry, primat d'Angleterre, le représentant de la suprématie pontificale contre le despotisme normand, fut le compagnon le plus assidu de Henri II avant de prendre possession de son siège de primat (1162); sous la mitre et le pallium il avait conservé le goût des chiens, des chevaux et des faucons qu'il avait contracté dès sa jeunesse et dont il ne parvint jamais à se guérir complètement.

Il est vrai qu'Henri II d'Angleterre le guérit de

tout en le faisant assassiner sur les marches de l'autel par quatre de ses gentilshommes.

Il ne faut pas classer au nombre des pontifes chasseurs le pape Célestin III (Hyacinthe Orsini). Il est vrai qu'octogénaire au moment de son exaltation, il était assez naturel qu'il ne prît pas, à cet âge, de plaisir à courre le cerf; néanmoins on sait qu'il ne manqua pas d'énergie pour prendre le parti de Richard Cœur de Lion et qu'il excommunia à ce propos Henri VI et Léopold d'Autriche.

Ce pape ne voulait pas que les religieux chassassent, mais ce fut lui qui établit à leur profit la dîme sur la chasse, en 1195. Il devait bien cette compensation aux chevaliers Teutoniques, dont il érigea l'association en ordre religieux. Évidemment les chevaliers militaires continuèrent à chasser, mais les pères religieux durent s'en abstenir; ils se contentèrent de bénéficier de la dîme.

Bertrand de Goth, né aux environs de Bordeaux vers 1264, et évêque de Comminges en 1295, puis évêque de Bordeaux en 1299, ne laissa pas la réputation d'un chasseur; devenu pape sous le nom de Clément V (en 1305), grâce à l'influence du roi Philippe le Bel et des Colonna, il publia en 1313 des constitutions qui, sous le nom de *Clémentines*, figurent encore dans le code des lois canoniques.

Dans ces constitutions, ayant presque toutes trait à la discipline ecclésiastique, il est formellement défendu aux moines de chasser.

Cependant il n'était guère, au XIVe siècle, de couvent dont les religieux n'éludassent la défense canonique, en faisant la guerre au gibier à poil, et cela sans croire violer la loi de l'Église, car l'ordonnance papale avait réservé certains cas où la chasse serait permise aux prêtres et aux moines.

Il en était un surtout qui laissait la porte tout ouverte à l'abus : c'était celui où « lapins et fauves se multipliaient trop pour ne pas nuire aux biens de la terre ».

« Or, on comprend, dit Paul Lacroix, que ce cas pouvait exister d'une manière permanente, à une époque où il était si sévèrement défendu au peuple des campagnes de détruire le gibier; aussi chassait-on en toute saison dans les plaines et dans les bois de chaque abbaye. »

Les paysans envieux, qui n'avaient pas la permission de chasser et qui voyaient sans cesse la chasse de Messire l'abbé, disaient avec malice que les moines, afin que le gibier fût toujours abondant, ne manquaient pas de prier pour la réussite des portées et des nichées (*pro pullis et nidis*).

Nous avons dit que le pape Pie II composa en langue latine un traité de vénerie et qu'il le signa de ses prénoms Ænéas Silvius.

Ænéas Silvius Piccolomini appartenait à l'illustre famille siennoise des Piccolomini ; il était né à Cossignano, en Toscane, en 1405, et il mourut à Ancône en 1464. Il se fit remarquer de bonne heure par sa passion pour les lettres anciennes ; mais son délassement favori était la chasse, et il passa en Toscane pour un veneur émérite.

C'était d'ailleurs un homme aimable, de manières agréables ; il posséda dès sa jeunesse les bonnes grâces du cardinal Capranica, qui l'attacha à sa personne en 1431. Il fut ensuite chargé de diverses missions en Allemagne, en Savoie, chez les Grisons, et lorsque le duc de Savoie devint pape sous le nom de Félix V, Ænéas Silvius fut son secrétaire, et en cette qualité il assista à la diète de Francfort, tenue en 1442.

Mais bientôt l'empereur Frédéric III attacha à son service particulier le secrétaire Piccolomini et le nomma son conseiller, en attendant qu'il devînt secrétaire apostolique.

Ces divers et heureux changements de position n'empêchèrent pas le futur pape de chasser dans les forêts giboyeuses d'Autriche, de Hongrie et de Bohême.

Ce fut seulement alors qu'il fut nommé évêque de Trieste, près de Sienne, qu'il abandonna la chasse ; cardinal en 1456, il fut élu pape en 1458. Ce qui montre bien que, tout en coiffant la tiare, il avait conservé au fond du cœur la passion des armes, c'est qu'à cette époque il résolut de se mettre à la tête d'une expédition armée afin de reprendre Constantinople tombé au pouvoir de Mahomet.

La mort seule l'empêcha de mettre ce projet à exécution.

L'une des fresques représentant la vie de Pie II, peinte dans la bibliothèque de la cathédrale de Vienne par le Pinturicchio, nous montre Piccolomini à cheval, ayant à sa gauche un page tenant en laisse un lévrier, délicate allusion aux goûts cynégétiques du saint père.

Julien de La Rovère, pape sous le nom de Jules II, fut aussi un Nemrod consommé. Né en 1441, il fut, on le sait, un profond diplomate et conduisit la guerre en personne, donnant de nouveau le spectacle étrange d'un vicaire de Jésus-Christ armé du glaive et posant sur ses cheveux blancs le casque des hommes de guerre.

Il aimait les lettres et les arts et les encourageait volontiers. « Les lettres, disait-il, sont de l'argent pour les roturiers, de l'or pour les nobles, des diamants pour les princes. »

Mais ses deux grandes passions étaient la chasse et la table.

« Bon Dieu, que deviendrait le monde, disait un jour en priant, l'empereur Maximilien, si vous n'en preniez un soin tout particulier sous un empereur comme moi qui ne suis qu'un pauvre chasseur et sous un pape aussi méchant et aussi ivrogne que Jules ! »

Maximilien eut beau faire, son mauvais propos ne ternit en aucune façon la grande renommée que Jules II s'acquit comme homme politique. On peut dire que, pendant dix années, il tint dans ses mains les destinées de l'Europe.

Puisque nous en sommes aux papes chasseurs, gardons-nous de passer sous silence un des plus célèbres, Jean de Médicis, Léon X, qui a donné son nom au siècle où il vécut.

Cardinal à treize ans, Jean de Médicis vint en 1488 se fixer à Rome où il s'attacha à Jules II ; il est permis de supposer que ce fut auprès de lui qu'il prit le goût de la chasse ; toujours est-il que, s'il lui succéda sur le trône de saint Pierre, il fut aussi son successeur comme disciple du grand saint Hubert.

« Léon X, a dit un historien, avait l'humeur enjouée, l'esprit enclin à la bouffonnerie ; il se plaisait aux festins splendides, mais il savait être sobre parmi les délices des tables plantureuses. Il avait montré de bonne heure un goût si violent pour la chasse que les vicissitudes de ce divertissement finirent par influer sur son humeur, et le pape était moins aimable les jours où le chasseur avait été moins adroit ou moins heureux. »

Il faut laisser à l'écrivain la responsabilité de cette pointe épigrammatique.

Ce qui est certain, c'est que Léon X savait admirablement concilier les diverses exigences de la haute dignité dont il était revêtu avec ses goûts, et que, tout en prenant un vif plaisir dans le salutaire divertissement de la chasse, qu'il considérait comme un délassement aux soucis de la vie politique, il savait encore encourager les lettres et les arts avec une très intelligente perspicacité ; il accueillait avec une affectueuse familiarité les savants et les artistes et les comblait de ses largesses.

S'il aimait la société des chasseurs, on peut affirmer que ses compagnons de chasse étaient des hommes d'élite qui croyaient, comme lui, que les exercices du corps ne nuisent en rien au développement des qualités de l'esprit.

Rappelons ces vers composés en son honneur :

> Un illustre héritier des nobles Médicis,
> Le héros de son temps, le pape Léon Dix,
> Chaque automne autrefois oublioit dans Ferrare
> Avec quelques oiseaux le poids de la tiare.

Roscoé, en écrivant l'histoire de ce pape chasseur, a conclu en estimant que Léon X a été un grand pape et son régime une grande époque. « Il est universellement reconnu, dit-il, qu'il se fit durant le pontificat de Léon X des progrès étonnants dans le perfectionnement des sciences humaines. Peut-être ne niera-t-on pas désormais qu'ils devaient être attribués principalement aux efforts de ce souverain pontife. »

Brantôme raconte (*Cap. franç.*, t. II) que François Ier se détermina à conclure le Concordat avec Léon X, afin de pouvoir récompenser le service de sa noblesse par le don des abbayes et des biens des ordres religieux dont il aimait mieux la gratifier que d'en laisser la jouissance à « des moines claustraux, gens inutiles qui ne servent à rien qu'à boire et à manger, taverner, jouer ou à faire des cordes d'arbalète, des poches de furet à prendre des connils (lapins), à siffler des linottes.

« Voilà, dit-il, leurs exercices ; encore étoient-ils les plus innocents. »

Il est vrai que Corneille de La Pierre, dans ses *Commentaires sur l'Écriture sainte*, rapporte qu'un moine soutenait et prêchait que le bon gibier avait été créé pour les religieux et que si les perdreaux, les faisans, les ortolans, pouvaient parler, ils s'écrieraient :

« Serviteurs de Dieu, soyons mangés par vous, afin que notre substance, incorporée à la vôtre, ressuscite un jour avec vous dans la gloire, et n'aille pas en enfer avec celle des impies. »

Quoi qu'il en soit, l'autorité civile n'était nullement de cet avis, et un édit rendu à Lyon en 1515 contient une disposition spéciale relative à l'exercice illégal de la chasse par les ecclésiastiques; il y est stipulé que la peine du bannissement à quatre lieues des forêts royales serait prononcée contre les prêtres et les moines qui se permettraient d'usurper le droit de chasser dans lesdites forêts.

La peine était portée au bannissement à **vingt** lieues « s'ils étoient coutumiers du fait ».

Tout cela n'empêcha jamais l'évêque de Cahors, Paul de Carreto, Italien d'origine et qui se fit naturaliser Français, de se livrer à son goût pour la chasse. C'est l'historien Lacoste qui nous apprend que ce prélat, fort aimé des rois François Ier et Henri II, était un enragé chasseur; il avait son fauconnier qui était prêtre et qui l'accompagnait partout, même dans ses voyages, tenant l'oiseau sur le poing. Paul de Carreto fut, malgré cela, établi par Henri II l'un de ses lieutenants généraux, à Toulouse. Il est vrai que ce fut peut-être à cause du goût trop prononcé du prélat pour les plaisirs cynégétiques, qu'après la mort de celui-ci, survenue en 1553, le roi Henri II signa en 1556 un édit défendant la chasse aux ecclésiastiques, prêtres ou évêques, sous peine d'être privés de leurs bénéfices. Ce n'était pas le premier rendu sur la matière, mais l'un des considérants est une perle :

« Considérant que les prêtres sont maladroits à tirer l'arquebuse et que tout récemment l'abbé de Marmoutiers s'est tué parce qu'il ne savoit pas charger son arme, défend, etc. »

L'ordonnance de 1600 sur le fait des chasses porte à l'article XXI que « plusieurs religieux, prêtres et autres ecclésiastiques, contre la défense de leur profession et au lieu de vacquer au service divin, s'adonnent au fait de la chasse... le Roi veut qu'ils soient punis des mêmes peines et amende que les laïques et séculiers sans qu'ils puissent se prévaloir de leurs tonsures et privilèges ».

En 1669, autre ordonnance qui confirme les dispositions prises par l'édit de 1515 contre les prêtres et moines qui chasseraient dans les forêts royales ou troubleraient les officiers des chasses dans l'exercice de leurs fonctions.

L'exil en cas de récidive est seulement réduit à dix ans.

La Dervois, maîtresse du maréchal de Brézé, pour complaire au maréchal qui était le plus grand tyran du monde pour la chasse, « jusque-là que les personnes de qualité n'osoient avoir un chien ni une arquebuse pour tirer dans leur parc (car fit une fois rompre la porte d'un parce qu'il avoit ouï tirer, tuer les chiens et casser les arquebuses) »; la Dervois fit attacher un prêtre au pied d'un arbre tout un jour, avec un lièvre qu'il avait tué, autour du cou.

C'est Tallemant des Réaux qui raconte cette anecdote, ainsi que la suivante, rappelée par M. Elzéar Blaze :

Un jour le poète Racan arrive chez son ami le prieur de La Ronde qui, lui aussi, était un fervent disciple de saint Hubert.

« Le temps est beau, lui dit-il, partons-nous pour la chasse?

— Je le veux bien, mais mes vêpres, qui les dira?

— Baste! on peut bien s'en passer.

— Impossible. Un dimanche !

— En ce cas dépêchez-vous.

— Oui, mais l'heure n'est pas sonnée, je n'ai personne pour m'aider.

— Et moi donc?

— Vous!... Soit, j'y consens; venez. »

Et les voilà partis pour l'église.

Le prieur était si occupé d'expédier promptement ses vêpres qu'il ne remarqua pas que Racan était costumé en chasseur, la gibecière sur le dos et le fusil en bandoulière.

Racan avait chanté le *Magnificat*.

Pendant la bénédiction, le prieur de La Ronde, voyant le poète des *Bergeries* à genoux dans ces équipages, se réveilla et partit d'un grand éclat de rire.

« Bel exemple que tu me donnes là, dit Racan.

— Mais aussi qui diable tiendroit son sérieux en voyant un enfant de chœur aussi bizarrement accoutré?

— Mon cher prieur, saint Augustin a dit : *Qui enim venatorem vident et delectantur videbunt Salvatorem et tristabuntur.* » (Ceux qui rient en voyant un chasseur, pleureront en voyant le Sauveur des hommes.)

Aux termes de l'arrêt du conseil du 3 avril 1702, lorsque les ecclésiastiques, prêtres religieux ou clercs étaient accusés du fait de chasse, le juge royal en devait connaître conjointement avec l'official.

On voit que, aussi bien pendant la Renaissance qu'à l'époque du moyen âge, au XVIIIe siècle tout comme aux XVIe et XVIIe, il y a toujours eu des défenses prohibitoires de la chasse et des ecclésiastiques qui les ont éludées ; mais on a vu également que ces défenses n'ont jamais visé que la chasse bruyante et non celle qui se fait tranquillement et sans clameur, telle la chasse aux filets.

En 1616, l'abbé de Villeloin, Michel de Marolles, reprocha sévèrement au prieur claustral de son abbaye de ne pas s'inquiéter davantage de la vie débauchée que menaient les jeunes moines « non plus que de la chasse où aucuns se divertissent souvent, entretenant chiens et oyseaux pour cet effet. »

Cet abbé agissait sagement en rappelant le prieur à l'observation de ses devoirs, mais combien d'abbés, au contraire, donnaient l'exemple de l'infraction aux ordonnances, suivant eux-mêmes celui qu'ils recevaient des évêques tels que l'évêque de Metz, Henri de France, fils naturel de Henri II et de Marguerite de Verneuil, qui fut d'abord abbé de Saint-Germain avant de recevoir la crosse épiscopale et qui était réputé par la meute de chasse qu'il entretenait à grands frais !

C'était péché mignon chez les prélats que prendre plaisir à chasser, et le grand réformateur de la Trappe, le fameux abbé de Rancé lui-même, n'en fut pas exempt, et cependant Dieu sait si Armand-Jean le Bouthillier de Rancé fut sévère pour ses religieux ; mais, avant de réformer les autres, il avait commencé par se réformer lui-même ; or, à vingt-cinq ans, alors qu'il était déjà depuis long-temps chanoine à Notre-Dame et qu'il possédait à titre de bénéfice les abbayes de Saint-Symphorien de Beauvais, du Val, de la Trappe, les prieurés de Saint-Clément et de Boulogne, il était très ardent au plaisir.

« Rancé s'adonna à toute la fougue de ses passions, on le vit partager son temps entre les amusements de la Cour, la chasse, l'amour, la prédication et l'étude »; mais c'était surtout la chasse qui était son délassement favori.

On raconte que Champvallon, l'ayant rencontré dans les rues, lui demanda où il allait.

« Ce matin, répondit-il, prêcher comme un ange et ce soir chasser comme un diable. »

C'était particulièrement dans sa belle terre de Veret qu'il chassait plusieurs heures par jour ; mais lorsqu'il perdit sa maîtresse, Mme de Montbazon (1657), il commença à concevoir le plan de réforme qu'il mit à exécution plus tard et quitta la singulière tenue que lui a reprochée dom Gervaise (abbé de la Trappe après dom Zozime en 1697) :

« Il avoit l'épée au costé, deux pistolets à l'arçon de sa selle, un habit couleur de biche, une cravate de taffetas noir où pendoit une broderie d'or. »

Au reste, dans le même temps, Jean-François-Paul de Gondi, élevé dans sa plus tendre enfance par saint Vincent de Paul et destiné à l'état ecclésiastique, non seulement chassa dans sa jeunesse, mais alors qu'il était sur le point d'être nommé archevêque de Corinthe, il se livrait très ardemment au plaisir de la chasse, car ce fut en revenant de courre le cerf à Fontainebleau avec la meute de M. de Souvré qu'il se prit de querelle avec Coustenan, capitaine de chevau-légers du roi, et se battit avec lui. Ce n'était pas, d'ailleurs, son premier duel.

Après tout, qui ne chassait pas sous la Fronde! Mazarin lui-même a droit à voir son nom inscrit sur la liste des disciples de saint Hubert. Nous le trouvons, en 1646, aux prises avec un sanglier dans la forêt de Fontainebleau et servant bravement l'animal d'un coup d'épée. Un latiniste qui se trouvait là en profita pour comparer l'Éminence à Hercule, en donnant le premier rang au cardinal, bien entendu.

Enfin l'évêque d'Alby, Gaspard de Daillon du Lude, fils du lieutenant général de la province d'Auvergne, François de Daillon, comte du Lude, et de Françoise de Schomberg, était un chasseur consommé et ne s'en cachait point, car il écrit en 1648 : « Pour ne miner pas ma santé, je vas deux fois la sepmaine voir voller trois faucons que j'ay qui sont admirables et qui me font advouer que cette chasse a des moments qui n'en doivent rien aux plus agréables du monde. »

En Auvergne, on a toujours aimé la chasse, et Fléchier cite un curé du diocèse de Clermont qui s'en donnait à cœur joie. « Il étoit tombé dans un tel dérèglement, dit-il, que portant le saint sacrement dans une ferme assez éloignée de son presbytère, il faisoit porter un fusil par son clerc, et, s'il découvroit quelque gibier par la campagne, il quittoit le saint sacrement, et, prenant ses armes en main, il poursuivoit sa proie jusqu'à ce qu'il l'eût prise ou qu'il l'eût manquée. »

Ce fut en 1666 que Camille de Neufville, archevêque de Lyon, vit les baronnies de Vinci, de Montanci et de Lignière, ainsi que la terre d'Ombreval et les fiefs de Monjolli, etc., érigés en marquisat en sa faveur. Ce prélat avait coutume de chasser dans ces diverses terres et entretenait à cet effet un grand équipage ; devenu aveugle sur la fin de ses jours, il n'avait pas renoncé à son plaisir favori et continuait à aller à la chasse à cheval, entre deux écuyers.

L'évêque de Senlis, Denis Sanguin, passait sa vie à courir les forêts, et Mme de Sévigné appelait ses chiens les aumôniers de M. de Senlis.

Philippe de Vendôme, grand prieur de France, abbé de la Trinité de Vendôme, de Saint-Vigor de Cerisy, de Saint-Honorat, de Sernis, etc., était un déterminé chasseur, et son ami l'abbé Chaulieu, son compagnon de plaisirs, accompagnait le fils du cardinal de Vendôme dans toutes ses parties.

Le grand prieur était réputé avoir la plus belle meute.

« Le duc du Maine et le grand prieur étaient, dit un historien, les mieux montés en chiens de toute la Cour. »

Le goût du grand prieur pour la chasse lui

attira même, ainsi qu'au grand Dauphin, une assez singulière aventure, racontée par l'auteur des *Cours galantes* qui l'emprunta à Bussy-Rabutin.

« Monseigneur, — c'est ainsi qu'on désignait le Dauphin, — se trouvant, un jour de 1686, entraîné à la poursuite d'un loup qui faisait faire du chemin à la meute et aux chasseurs, s'aperçut qu'il avait laissé son monde derrière lui et n'était plus accompagné que du seul grand prieur.

« Il faisait nuit, impossible de songer à regagner Versailles, le plus sage était de trouver un gîte jusqu'au jour ; le clocher d'un village guida nos chasseurs qui frappèrent à la porte de la maison du curé.

« Celui-ci, bien qu'il ignorât le rang des gens qui venaient lui demander l'hospitalité, eut la discrétion de ne pas s'en informer, et mit tout ce qu'il avait au service de ses hôtes ; malheureusement il n'y avait pas grand'chose chez le digne prêtre : un quartier de mouton, et c'était tout.

« Quant au vin, il n'en avait point, mais il s'offrit d'en aller querir, à la condition que les chasseurs tourneraient la broche en son lieu et place.

« Bref, le curé revint avec une provision qu'on partagea en frères, puis on parla de se coucher. Il n'y avait qu'un lit que le curé céda de bonne grâce ; il en serait quitte pour aller demander

l'hospitalité à l'une de ses ouailles. On se couche,
on dort.

« Le matin de bonne heure le cor retentit. La
suite du Dauphin avait battu les solitudes les plus
reculées de la forêt ; le grand prieur se mit aussitôt
à la fenêtre et ne tarda pas à être aperçu. Monseigneur de son côté est vite sur pied et rejoint la
troupe fatiguée, inquiète, que sa vue ranime. Il
ne fut plus question que de regagner Versailles,
ce que l'on fit prestement sans trop penser à remercier l'hôte obligeant à défaut duquel on cou-
chait à la belle étoile et l'estomac creux. On ne se
donna même pas la peine de retirer la porte, si
bien que ce dernier, en voyant sa maison abandonnée, crut d'abord qu'il avait eu affaire à des
bandits et ne posa qu'en tremblant le pied dans
son pauvre logis. Toutefois, chaque chose était à
sa place, son petit mobilier avait été respecté, ce
qui le réjouit fort, mais l'étonna bien davantage.
On voulut expliquer ce miracle par les mœurs
mêmes des bohémiens qui, pour ne pas se voir
impitoyablement refuser toutes les portes, consi-
dèrent comme sacré et inviolable le toit qui les a
abrités : au moins l'interprétation était-elle plau-
sible et le bon curé s'en contenta. Une fois de
retour à Versailles, l'on n'eut rien de plus pressé
que de raconter les événements de la nuit. L'aventure amusa le roi assez pour lui inspirer l'envie de

la pousser plus loin. Le prêtre fut mandé à la Cour, ce qui ne laissa pas déjà que de l'embarrasser. L'interpellation du roi n'était pas de nature à le mettre à l'aise.

« Sa Majesté lui demanda s'il était bien vrai et comment il se faisait qu'il donnât, la nuit, asile à des larrons. Grande protestation d'innocence de la part de notre homme qui n'avait pu soupçonner tout d'abord à quelles gens il avait affaire. Si on les lui présentait, les reconnaîtrait-il ?

« A cette question il répondit affirmativement. Le roi dit tout bas qu'on appelât le Dauphin et le grand prieur.

« Le grand prieur vint le premier. Aussitôt le curé de s'écrier en l'apercevant :

« Sire, en voilà un. »

« Et, Monseigneur paraissant après :

« Sire, voilà l'autre. »

« Ce qu'il y avait d'étrange, c'était le respect de toute la Cour pour ce dernier brigand. Le pauvre curé, tout simple qu'il était, en fut étourdi ; il pressentit la vérité, et la façon dont il venait de s'exprimer à l'égard de ses hôtes ne contribua pas peu à lui faire perdre toute contenance. Le roi eut pitié de lui et, pour le tirer de gêne et payer le petit divertissement qu'il prenait à ses dépens, il lui dit qu'il le faisait son pensionnaire pour cinq cents écus.

« Allez, ajouta-t-il, logez toujours dans votre maison de tels larrons et ressouvenez-vous de moi dans vos prières. »

Le grand prieuré du Temple était, on le sait, devenu l'apanage des bâtards de la maison de France, il a abrité un petit troupeau d'épicuriens qui menaient joyeusement la vie et chassaient, soupaient, s'enivraient avec une désinvolture qui n'avait rien de choquant à cette époque.

Au reste, nombre d'abbés de la fin du XVIIe siècle et du XVIIIe ne se privaient d'aucun plaisir, et le jeu, les femmes, le vin et la chasse étaient leurs distractions habituelles ; mais plus d'un brave curé qui ne croyait pas être bien répréhensible pour tirer une perdrix était rigoureusement poursuivi. Nous trouvons dans l'*Histoire de la chasse en France* cette liste à l'appui :

« En 1669, Thuret, prêtre bénéficier de Saint-Quentin, est poursuivi pour faits de chasse.

« En 1676, René du Rousteau, curé, est condamné pour avoir chassé avec des lévriers.

« En 1679, Antoine Mossant, prieur de Mathelon, et Jean Cellier, prieur de Primaugour, sont condamnés en 200 livres d'amende, 10 livres de restitution et aux dépens pour avoir chassé sur les terres du duc de Montausier et battu son garde.

« En 1682, Jean Boiste, chapelain de Boissy, est condamné en 50 livres d'amende et 20 livres de dommages-intérêts envers le marquis de Traisnel pour faits de chasse.

« En 1702, un arrêt du grand conseil renvoie, pour faits de chasse, devant la table de marbre de l'Official conjointement plusieurs ecclésiastiques de Bordeaux.

« En 1743, l'abbé Fouchet, prêtre, bachelier en théologie, est condamné à la contrainte par corps faute de payer une amende encourue pour fait de chasse. »

Un abbé qui eût certes mérité qu'on le condamnât sévèrement était le fameux abbé de Vatteville, dont Saint-Simon a raconté la vie aventureuse.

Il était né à Besançon vers 1613, et avait pour frère le baron de Vatteville, ambassadeur d'Espagne en Angleterre.

Jean de Vatteville fut d'abord chartreux, puis ordonné prêtre; mais, la vie religieuse ne lui convenant point, il résolut de s'en affranchir, et, comme son prieur voulait l'empêcher de fuir, il le tua net d'un coup de pistolet. A deux ou trois jours de là il s'arrêtait dans une auberge et commanda pour lui seul un gigot et un chapon, c'est-à-dire tout ce qu'il y avait au logis, et lorsqu'un voyageur affamé le pria de lui permettre de manger sa part, en payant, de ces deux rôtis qui cuisaient à la broche, Vatteville lui chercha dispute et le tua, ce qui ne lui ôta point l'appétit, car il s'attabla aussitôt et mangea gigot et chapon, ne laissant que les os.

Le pape voulut bien consentir plus tard à lui donner l'absolution de ses méfaits, et, comme il avait rendu de grands services aux Vénitiens, il fut proposé pour l'archevêché de Besançon; mais le pape n'osa pas se résoudre à signer la bulle d'investiture, et Vatteville dut se contenter de l'abbaye de Baume, la seconde de la Franche-Comté, et d'une autre en Picardie.

« Il vécut depuis dans son abbaye de Baume, dit Saint-Simon, partie dans ses terres, quelquefois à Besançon, rarement à Paris et à la cour où il étoit toujours reçu avec distinction.

« Il avoit partout beaucoup d'équipages, grande chère, une belle meute, grande table et bonne compagnie, etc. »

Il vivait en grand seigneur, chassant la plupart du temps, et mourut à quatre-vingt-dix ans.

L'abbé de La Rochefoucauld, oncle du grand veneur mort en 1708, était passionné pour la chasse et n'en manquait jamais l'occasion; cela l'avait fait appeler l'abbé Tayaut.

Mais faisons un nouvel emprunt à M. de Noirmont :

« Mgr de Foudras Châteauthiers, évêque de Poitiers, ancien capitaine de dragons, veneur enthousiaste, avait à sa maison de Dissay un chenil des mieux tenus, d'où sortit la fameuse race des chiens bleus, dits *foudras*.

« L'abbé, depuis cardinal de Bernis, étant à Versailles et ayant envie de chasser, sortit un matin avec trois ou quatre de ses gens et s'en fut intrépidement dans le Petit-Parc, endroit réservé, où la Dauphine n'osait pas aller sans en demander au roi l'autorisation. Les gardes, étant accourus au bruit, demandèrent à l'audacieux chasseur sa permission. Voyant qu'il n'en avait point, ils le prièrent de cesser et coururent à l'instant rendre compte de ce qui se passait au comte de Noailles, capitaine des chasses de Versailles. M. de Noailles se hâta d'en prévenir Mme de Pompadour qui réussit, non sans peine, à arranger l'affaire. Le roi s'en montra très choqué, et, toutes les fois qu'il chassait, il ne manquait pas de dire : « Ce sont ici les plaisirs de Monsieur l'abbé.

« Le fameux abbé de Pradt aimait, dans sa vieillesse, à rappeler ses succès de chasseur et d'écuyer. Ses hauts faits en ce genre étaient si connus dans toute la province qu'en entendant raconter quelque prouesse extraordinaire, chacun s'écriait immédiatement : « C'est lui ! » sans qu'il fût besoin de le désigner autrement.

« L'abbé de Voisenon, né en 1708, mort en 1792, prêtre de son métier, libertin par habitude et croyant par peur, retiré près de Melun, dans le château dont il portait le nom, y passait sa vie à mourir d'un asthme, à jouer au trictrac et à chasser. Un jour, il eut une crise terrible, on le crut mourant, et l'on se hâta d'aller chercher le curé pour l'administrer ; cependant le malade, s'étant tout à coup ranimé, était sorti par une porte dérobée pour courir à la chasse. Comme il s'acheminait le fusil sur l'épaule, il rencontra le prêtre qui lui apportait le viatique en procession. Il se met à genoux en bon chrétien, sans qu'il vienne à l'idée de personne de le reconnaître, laisse le pieux cortège continuer sa route et poursuit sa chasse de son côté, comme si de rien n'était.

« Le dernier des prélats chasseurs fut le fastueux cardinal de Rohan. On le voyait souvent se revêtir d'habits de toutes couleurs et paraître en public avec les uniformes de chasse des différents seigneurs chez lesquels il allait se livrer à cet exercice ; envoyé comme ambassadeur à Vienne, en 1772, il scandalisa souvent la rigide Marie-Thérèse par ses allures cavalières. Un jour de Fête-Dieu, lui, et toute sa légation en habits verts galonnés d'or, coupèrent une procession qui les gênait pour se rendre à une partie de chasse chez le prince de Paar.

« Lorsqu'il se rendait dans son diocèse de Strasbourg, il menait un vrai train de prince dans

ses châteaux de Saverne et de Manuzic, et il offrait
à ses joyeux hôtes des chasses d'une magnificence
inouïe. »

Au reste, M. le marquis de Valfons, vicomte
de Sebourg, lieutenant général des armées du roi,
a dans ses *Souvenirs*, publiés par son petit-neveu,
consacré quelques lignes à ces chasses :

« Je soupais souvent, dit-il, chez M. le cardinal
de Rohan, qui avait un état de souverain et où toute
la province se rassemblait... L'abbé de Ravennes,
qui était à la tête de tout et dont l'amitié et les
soins avaient payé les dettes et arrangé les affaires
très délabrées du cardinal, me disait que depuis le
garçon de cuisine jusqu'au maître de la maison,
tout compris, on comptait sept cents lits...

« J'y ai vu les plus belles chasses : six cents
paysans rangés avec des gardes, de distance en
distance, formaient une chaîne d'une lieue, par-
courant un terrain immense devant eux, en poussant des cris, battant les bois et les buissons avec
des gaules.

« On était à les attendre au bas des coteaux, où
ils conduisaient toute sorte de gibier ; on n'avait
qu'à choisir pour tirer. On faisait trois battues
comme cela jusqu'à une heure après midi, où la
compagnie, femmes et hommes, se rassemblait
sous une belle tente au bord d'un ruisseau, dans
quelque endroit délicieux ; on y servait un dîner

exquis, assaisonné de beaucoup de gaieté; et,
comme il fallait que tout le monde fût heureux, il
y avait des ronds et des tables creusés dans le ga-
zon pour tous les paysans.

« On distribuait par tête une livre de viande,
deux livres de pain et une bouteille de vin. La
halte finie, le chaud un peu passé, chacun allait
reprendre de nouveaux postes et la battue recom-
mençait.

« On choisissait son terrain pour se mettre à
l'affût et, de crainte que les femmes n'eussent peur
étant seules, on leur laissait toujours l'homme
qu'elles haïssaient le moins pour les rassurer. Il
était extrêmement recommandé de ne quitter son
poste qu'à un certain signal afin d'éviter les accidents de coups de fusil; tout était prévu, car avec
cet ordre il devenait impossible d'être surpris. Il
m'a paru que les femmes à qui j'avais entendu le
plus fronder le goût de la chasse aimaient celle-
là. La journée finie, on payait bien chaque paysan
qui ne demandait qu'à recommencer, ainsi que les
dames. »

« Le cardinal de Rohan, dit de son côté Roquefort, avait des équipages d'une grande beauté et
allait souvent courir le lièvre et la grosse bête. »

Enfin dans le château de Couzières, en Touraine, qui lui appartenait, il avait fait établir un
chenil en marbre, ce qui fit qu'un jour la spiri-

tuelle marquise de Contades, à qui il faisait admirer ses communs, lui dit :

« Monseigneur, vos chiens sont logés comme des princes, mais vous êtes, vous, logé comme un chien. »

A cette liste de prélats chasseurs n'oublions d'ajouter le nom d'Arthur-Richard Dillon, né au château de Saint-Germain, en 1721, grand vicaire de l'archevêque de Rouen, ensuite évêque d'Évreux (en 1754), archevêque de Toulouse en 1758 et, enfin, archevêque de Narbonne en 1762, siège qui lui donnait, avec la présidence des états généraux du Languedoc, l'administration de cette province.

Il se rendit fameux par sa passion pour la chasse, par sa générosité envers les pauvres, par son luxe et par ses prodigalités.

Les mémoires de Beugnot contiennent, à son sujet, ces deux anecdotes assez amusantes :

D'abord, un jour, à son petit lever, Louis XV le prit à partie alors qu'il n'était encore qu'évêque d'Évreux.

« Vous chassez beaucoup, Monsieur l'évêque, j'en sais quelque chose : comment interdire la chasse à vos curés, si vous passez votre vie à leur en donner l'exemple ?

— Sire, répondit-il, pour mes curés, la chasse est leur défaut ; pour moi, c'est celui de mes ancêtres. »

Plus tard, alors qu'il était archevêque de Narbonne, Louis XVI lui dit un jour :

« Monsieur l'archevêque, on prétend que vous avez des dettes et même beaucoup.

— Sire, répondit Dillon de son ton de grand seigneur, je m'en informerai à mon intendant, et j'aurai l'honneur d'en rendre compte à Votre Majesté. »

Si ces paroles témoignaient un certain fonds de hauteur, elles n'accusent pas une dose de vanité plus grande que celle qu'on reprochait à l'évêque comte de Noyon, François de Clermont-Tonnerre, né en 1629, et qui, lui aussi, se livrait volontiers au plaisir de la chasse.

On sait que, chassant un jour avec le roi dans la forêt de Fontainebleau, il fut grièvement blessé par son fusil, qui lui éclata dans la main.

« Ah ! mon Dieu ! s'écria-t-il, prenez pitié de ma grandeur. »

Si nous en croyons l'auteur du *Chasseur conteur*, avant la révolution de 1789, les chanoines de Tulle avaient le privilège de chasser partout, en tout temps, et voici d'où leur venait ce singulier privilège.

Un jour, en chassant le loup, ils trouvèrent la tête de saint Clair, — un saint fort vénéré en Limousin, — que l'on cherchait vainement depuis de longues années. Cette tête fit beaucoup de mi-

racles et les chanoines y gagnèrent une grande
considération; dès lors ils continuèrent à chasser
pour retrouver le reste du corps du saint et, lorsqu'on s'étonnait de les voir ainsi partir en expédition cynégétique, ils répondaient très sérieuse-
ment :

« Si Dieu a permis que nous trouvions la tête
de saint Clair en chassant, c'est pour nous indiquer comment nous devons arriver à retrouver de
la même façon ses bras et ses jambes. »

Et c'est pour cela qu'ils s'en allaient chasser
processionnellement, le jour de la fête du saint,
avec leur costume sacerdotal et le fusil sur l'épaule.

Au reste, ils ne furent pas les seuls.

M. Ernest Jullien, juge au tribunal civil de
Reims, nous apprend dans son livre *la Chasse, son
histoire et sa législation*, que le jour de la Sainte-
Croix de l'année 1614, les habitants de Reims
voyaient pendant la procession le cardinal Louis
de Lorraine rentrer d'une longue chasse le cornet
au côté. Vingt ans après, un autre archevêque de
Reims, Henri de Lorraine, neveu du précédent,
remplissait de ses chiens l'abbaye de Saint-Ni-
caise; il y en avait de telles quantités que leurs
aboiements empêchaient de célébrer l'office divin.
Ce prélat, grand seigneur aux habitudes fastueu-
ses, ne se contentait pas de meutes françaises;
vers le mois d'octobre 1634 il fit venir d'Angle-

terre quarante chiens qui lui coûtèrent, à eux seuls,
mille écus.

Nous avons eu occasion de citer Mazarin parmi
les chasseurs ; *la Muse historique*, de Loret, nous le
montre, le 27 février 1654, atteint de la goutte et
privé du plaisir qu'il prenait à se délasser de ses
nombreux travaux par la chasse.

Ce goût de l'Éminence pour la chasse est, en
outre, attesté par une épître de Boisrobert, dans
laquelle on voit que le cardinal entretenait des
équipages de chasse. Une de ses meutes, qu'on
avait logée en face de la porte du célèbre abbé,
troublait sans cesse par les aboiements les plus
plaintifs le repos des habitants du quartier. Chacun
se plaignait, mais en vain. Boisrobert prit alors le
parti d'adresser au cardinal les vers suivants :

> Je ne demande à tes rares bontez
> Dons ny presens, honneurs ny dignitez,
> Pour augmenter l'estat de ma fortune ;
> Mais seulement qu'une meute importune
> De dix grands chiens, qu'on dit qui sont à toy,
> Me laisse en paix et s'esloingne de moy.

C'était l'abbé de Sainte-Croix qui, sous Louis XIV,
commandait la meute du chevreuil qui fut supprimée en 1712.

Loret ne manquait jamais de s'en prendre dans
sa gazette aux chasseurs ecclésiastiques. Voici

ce qu'il écrivait en 1653, sur l'abbé de Villar-
ceaux :

> Le sieur abbé de Villarceaux,
> Qui, s'il avoit d'or plein vingt seaux
> Et d'argent trente bourses pleines,
> Les vuideroit dans trois semaines,
> Fit l'autre jour un grand festin
> Dans le pays nommé Vexin,
> Et fit voir aux dames des chasses,
> Non de moineaux ny de becasses,
> Non de hérons ny de butors,
> Mais de beaux grands cerfs à dix cors,
> Outre mainte autre beste fauve.

Le trait de la fin, c'est que l'abbé a dépensé six
cents écus et qu'il n'a pas dans sa poche « le plus
souvent trois quarts d'écu »; — donc il a dû avoir
recours au crédit.

Le cardinal de Bernis, au contraire, chantait
volontiers la chasse et les chasseurs dans ses vers
galants ; on connaît de lui ces fameux vers :

> Bravons les lions dévorans,
> Ces ours destructeurs de la terre ;
> Que la chasse, ainsi que la guerre,
> Nous arme contre nos tyrans.

Et tout le monde a lu de lui :

> Voyez l'intrépide chasseur
> Qui, sur cette côte brûlante,

A l'aide d'un chien précurseur
Arrête la perdrix tremblante ;
De joie et d'espoir animé,
Il prend, il arme son tonnerre.
L'oiseau part, un trait enflammé
Le fait retomber sur la terre.

On a vu, au XVe siècle, le maréchal de Chastellux, en sa qualité de chanoine d'Auxerre, assister au service divin le faucon sur le poing ; le *Mercure françois* de 1735 nous montre un curé de Sarsay ayant la permission de faire dire sa messe, aux termes d'un acte spécial daté de 1642, « soit par le curé d'Ezy ou autre, en l'église de Notre-Dame d'Évreux, devant le grand autel, quand il lui plaira, et peut, ledit sieur ou curé, chasser dans tout le diocèse d'Évreux avec autour et tiercelet, six épagneuls et deux lévriers, et peut, ledit sieur, faire porter et mettre son oiseau sur le coin du grand autel au lieu le plus près et le plus commode à son vouloir. Peut, ledit sieur curé, dire la messe botté et éperonné en ladite église d'Évreux, tambour battant au lieu et place des orgues. »

Sous Louis XVI, la chasse fut en grand honneur ; le 29 janvier 1775, le duc de La Vrillière reçoit du roi un avis l'informant que le commandeur d'Argenteuil, procureur général de l'ordre de Malte, demandait à présenter à Louis XVI les faucons que le grand maître était dans l'usage de

lui envoyer chaque année, et qu'il eût à en prévenir le grand fauconnier.

L'année suivante, c'était l'abbé de Saint-Hubert
des Ardennes, don Nicolas Spirley, qui présentait au roi des chiens de chasse, et le monarque
reconnaissait que les limiers qu'il avait déjà reçus
de lui l'année précédente étaient les meilleurs de
sa meute.

On ne voit guère les ecclésiastiques mêlés aux
chasseurs aux approches de la Révolution ; cependant l'*Observateur anglais* rapporte un fait, dont
il convient d'ailleurs de lui laisser toute la responsabilité, le voici :

« M. de Birague, capitaine d'artillerie, étant à
table dans son château, entend tirer ; il est surpris qu'on vienne sur sa terre sans l'avoir prévenu ;
il quitte le dîner, malgré les instances de sa femme
et, n'ayant pour toute arme qu'un bâton, il s'a-
vance vers l'endroit où il a entendu le bruit. Son
fils âgé de dix ou douze ans, par la curiosité naturelle à cet âge, le suit avec un domestique. Son
père rencontre bientôt deux chasseurs auxquels il
reproche leur hardiesse : la querelle s'engage, elle
s'échauffe, et le propriétaire du lieu se servant de
termes énergiques que lui suggère sa juste indi-
gnation, l'un des deux quidams (M. Berthelot de
la Ville-Haumoy), officier dans le régiment de la
Reine, le couche en joue et le tue. Cependant le

fils et le laquais crient à l'assassin, et le poursuivent. L'autre quidam (l'abbé Berthelot), parent du premier, ayant encore son fusil chargé, menace de tirer sur eux s'ils ne s'éloignent et ne cessent leurs clameurs. »

C'est la première fois qu'un abbé se trouve dans une situation aussi délicate, et l'*Observateur anglais* néglige de dire ce qui lui advint de cette affaire.

· Mais déjà la Révolution arrivait à grands pas.

Le 4 août 1789, alors qu'on est près de voter le rachat des droits féodaux par les communautés, c'est l'évêque de Nancy qui demande que, pour les biens de l'Eglise, ce rachat ne tourne pas au profit du seigneur ecclésiastique, mais à celui des indigents, et un autre prélat, Mgr de Chartres, présentant le droit exclusif de chasse comme un fléau pour les campagnes, sollicite l'abandon de ce droit et déclare qu'il l'abandonne sur ses domaines.

Et tout le clergé d'adhérer à cette proposition.

Sous l'Empire et sous la Restauration, si quelques dignitaires de l'Église s'adonnèrent au plaisir de la chasse, ils ne se montrèrent pas ostensiblement en public, et les chroniques d'alors ne les mentionnent pas.

En somme, depuis la Révolution, les ecclésiastiques ont généralement cessé de prendre part aux grandes chasses les mettant en vue, et, sauf quelque brave curé de campagne qui, à l'occasion, abat une perdrix ou envoie une balle à un lièvre, — le prêtre ne chasse pas.

A propos des curés qui ont encore un vieux fusil de chasse dans un coin du presbytère, le chasseur conteur, Elzéar Blaze, raconte dans un de ses volumes cette plaisante histoire du curé de Ménorbes :

« Le curé de Ménorbes aimait encore plus l'odeur de la poudre que celle de l'encens ; toutes les fois que se présentait l'occasion de courir la plaine avec un fusil sur l'épaule, il ne la laissait point échapper, il aurait plutôt manqué de dire sa messe.

« Un jour que nous étions en chasse avec lui, un coup part et le plomb rase le ventre proéminent du curé, qui devint pâle comme un mort. On se félicita sur l'heureuse issue de cette maladresse qui pouvait avoir des suites horribles. Quand tout le monde eut repris sa gaieté, je dis à notre confrère tondu :

« Ma foi, si le coup de fusil vous avait tué, « certainement nous aurions éprouvé le plus grand « chagrin ; cependant il valait mieux que ce fût « vous qu'un autre.

« — Merci. Et pourquoi cette préférence ?

« — Parce que ce matin vous avez dit la messe.

« — Eh bien ! qu'est-ce que cela prouve ?

« — Que vous êtes en état de grâce, et qu'à
« cette heure vous seriez en paradis.

« — Et qu'en savez-vous? » me répondit-il. »

Au point de vue anecdotique, il nous serait fa-
cile de citer nombre de petits faits tendant à dé-
montrer que çà et là un vénérable ecclésiastique ne
croit nullement enfreindre les lois canoniques en
tirant sa poudre aux moineaux, et la *Gazette des
chasseurs* a cité l'abbé Édouard Fabre, le curé de
Saint-Siffret dans le Gard, dont la science cynégétique et les exploits sont connus de tous.

Mais cela n'ajouterait rien à ce que nous avons
voulu prouver, que de tout temps les ordonnances
de l'Église en matière de chasse ont été diverse-
ment interprétées; qu'on ne pouvait d'ailleurs
assimiler la chasse bruyante à cor et à cri avec la
destruction des animaux nuisibles, et que mettre
sur la même ligne le seigneur évêque du temps
passé, faisant retentir les échos des forêts des
aboiements de ses chiens, avec le modeste curé
campagnard tirant un lapin en compagnie du
châtelain de sa commune, ce serait commettre volontairement une lourde méprise.

Et, pour conclure, rappelons que lorsque ses
loisirs le lui permettent, S. S. le pape Léon XIII
chasse au rocolo dans les jardins du Vatican et
qu'il pratiquait cette chasse avec ardeur lorsqu'il
était archevêque de Pérouse.

Le profond respect que nous avons pour le saint-père ne nous permet de faire aucun commentaire. Il suffit que le vénéré chef de l'Église se livre à ce passe-temps pour qu'il demeure acquis que seule la façon de chasser est discutable, et non la chasse en elle-même.

Paris, imp. Jouaust et Sigaux.